黄金配方烘焙术

饼干、挞派和布丁

陈佳琪 编著

辽宁科学技术出版社
·沈阳·

图书在版编目（CIP）数据

黄金配方烘焙术. 饼干、挞派和布丁 / 陈佳琪编著 .—沈阳：辽宁科学技术出版社，2020.7
ISBN 978-7-5591-1309-2

Ⅰ . ①黄… Ⅱ . ①陈… Ⅲ . ①烘焙－糕点加工 Ⅳ .① TS213.2

中国版本图书馆 CIP 数据核字 (2019) 第 199211 号

出版发行：辽宁科学技术出版社
　　　　　（地址：沈阳市和平区十一纬路 25 号 邮编：110003）
印 刷 者：辽宁新华印务有限公司
经 销 者：各地新华书店
幅面尺寸：170 mm × 240 mm
印　　张：11
字　　数：220 千字
出版时间：2020 年 7 月第 1 版
印刷时间：2020 年 7 月第 1 次印刷
责任编辑：卢山秀
整体设计：袁　舒
责任校对：尹　昭　王春茹

书　　号：ISBN 978-7-5591-1309-2
定　　价：49.80 元

扫一扫 美食编辑

投稿与广告合作等一切事务
请联系美食编辑——卢山秀
联系电话：024-23284740
联系 QQ：1449110151

Contents
目　录

Contents
目 录

1 Chapter

Tools & Ingre

第一章 动手烘焙前
一定要知道的事

有了这些器具，你会变得更厉害！

料理盆

不锈钢材质的为佳，用来盛装一些基本原料，如奶油、蛋、面粉等。便于搅拌，有大小尺寸，依用途选择合适大小，一般家庭用直径26~28cm即可。

长柄刮刀（橡皮刮刀）

用于面团的拌合及整形或是刮净容器内壁的材料。

手持电动打蛋器

可以代替手动打蛋器，操作更省力。一般会有打蛋笼、搅拌钩两组配件，打蛋笼可以打发全蛋、蛋白、奶油等，搅拌钩可以用于混合材料等，功率大、噪声小为佳，上图为海氏HM340静音打蛋器。

量匙

分有4种量度（一大匙 T、一茶匙 t、1/2匙、1/4匙），方便用来量盛少量的材料。

筛网

用来过滤液体中的杂质，或过筛面粉、糖粉、可可粉等一些较易结颗粒的粉类。

擀面棍

用于面团的擀平延压，将面团的气泡压除。

置凉架

成品刚出炉后用来放置的网架，避免成品热气排出时，造成底部因水汽变得湿润，影响口感。

软硬刮板

可用于刮净盆内附着的面团粉末材料或是对面团进行搅拌整形。

活动蛋糕圆形模

适用于烘烤蛋糕的容器，方便脱模及清洗。

打蛋器

常用来打发奶油或是搅拌蛋液等材料。

烤箱

是制作面包最基本的设备，购买烤箱建议选容积在25L以上，且控温精准为佳，上图为海氏C40电子烤箱。

挞模

用于制作蛋挞、水果挞类点心。

电子秤
准确将材料称量好非常重要，称量的时候要将装材料的容器重量扣除，所以有去皮功能、精确度高的秤为佳，上图为海氏 HE62 电子秤，精准到 0.1g。

刷子
用来将蛋液涂抹于面团表面。

饼干造型模
利用造型模可做各种特别形状的饼干体。

挤花嘴、挤花袋
挤花嘴（左图）有不同口径大小，用于面糊整形，例如泡芙、小圆饼，也可在点心上挤出漂亮花纹装饰。挤花袋（右图）分"可重复使用"和"抛弃式"两种。

温度计
用来测量水、面团、糖浆等的温度，以便做好温度控制。

长条烤模
"长条铝模"（上图）方便烘烤蛋糕及面包的成形。"吐司烤模"（下图）用于吐司面包的制作，可重复使用。

厨师机
厨师机最主要的是揉面、搅拌、打发三大功能，尤其是揉面会真正解放双手。有的厨师机还有拓展配件，可以实现绞肉、压面、研磨等功能。上图为海氏 HM780 多功能电子厨师机。

计时器
烘焙过程中，精确的时间是非常重要的，计时器可以提醒自己注意产品的出炉时间。

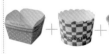

耐烤纸杯模
用于盛装蛋糕、点心等。

布丁模
烤布丁用，也可用于制作米糕。

了解重要原料，才能调配出好配方！

面粉类

由小麦磨制而成的面粉，在烘焙的制品中，用量最多，也是最基本的原料。依蛋白质含量区分为 3 种。

· **低筋面粉**（蛋白质含量 6%~8.5%）：广泛用于制作饼干、蛋糕类。

· **中筋面粉**（蛋白质含量 9%~11%）：广泛用于制作中式面食类。

· **高筋面粉**（蛋白质含量 11.5% 以上）：广泛用于制作面包类。

· **一般市售的饺子面粉**（蛋白质含量 10%~12%）：属于中筋面粉。

· **全麦面粉**：由小麦和大麦不去壳直接磨碎而成的，本身含丰富的膳食纤维。全麦面粉不能单独使用，必须与一般面粉拌匀使用。

米粉类

· **粘米粉**：用米磨成的粉末，用于制作萝卜糕点、碗粿等。

· **糯米粉**：用糯米磨成的粉末，黏度高，适合用于制作汤圆、麻薯、年糕等。

其他粉类

· **可可粉**：可可豆脱脂研磨成的粉末，较容易受潮结块，所以使用前要先过筛。

· **玉米粉**：玉米淀粉制品，具有凝胶作用，西点制作中较常用于蛋糕、乳酪蛋糕，增加松软口感。

· **地瓜粉**（番薯粉）：用地瓜制成的粉，颗粒大，较为粗糙。

膨胀剂类

化学膨胀剂主要分为两种。

· **泡打粉**：又叫发粉、发泡粉，由小苏打加上其他酸性材料制成，遇水即产生气体，能促使组织膨胀、松软。有些泡打粉会多添硫酸钠铝成分，购买无铝泡打粉较为安全健康。

· **苏打粉**：又称小苏打、碳酸氢钠，碱性物质，一般多用于可可巧克力等含酸性材料制作，可使巧克力增色，但是不宜过量，否则会产生皂味，成品组织不良且粗糙。

酵母

酵母是在有氧和无氧条件下都能够存活的一种天然发酵剂。

· **干酵母**：可以分即溶酵母和速发酵母两类。即溶酵母，即在水中溶化后，再与面粉混合使用。速发酵母，则可直接加于面团中搅拌使用。

· **湿酵母**：也叫新鲜酵母，不宜久放保存，但是耐冻，使用量约是干酵母的两倍。

牛奶、乳制品类

· **鲜奶**：方便取得，可以提高点心的风味及润泽度。

· **奶粉**：一般都是使用全脂奶粉，用于制作面包、蛋糕、饼干等，但婴儿奶粉不能用于烘焙点心。

优格、优酪乳

· **优格、优酪乳**：由牛奶制成，含有益菌，用于西点、面包，可增添风味。

果冻粉

· **果冻粉**：白色粉末状，植物性凝结剂，溶于 80℃ 以上的热水才会有作用。

奶油奶酪

· **新鲜奶酪**：未经熟成的新鲜奶酪，含水量较多，属于软质奶酪。

· **奶酪片（碎）**：烘烤后会产生拉丝状，常用于焗烤料理。

· **帕玛森奶酪粉**：由意大利帕玛森奶酪制造而成，香气浓郁，水分含量低。

· **马斯卡邦奶酪**：由重奶油以柠檬酸作为凝乳剂制成的奶酪，口感清淡，水分较少，常用于制作提拉米苏。

油脂类

· **固体状**

· **黄油**：由生乳中提炼出来，属动物性油脂。可使产品产生特殊香味，油脂也可增加产品的营养，分成有盐黄油、无盐黄油，本书皆使用无盐黄油。

· **猪油**：由猪的油脂提炼而成。一般都用于中式点心。刚炸好的猪油色泽呈黄色半透明状，低于室温就会凝固成白色固体油脂。

· **液体状**

· **沙拉油**：一般为植物性油脂，用于蛋糕制品居多。沙拉油提炼的方式有两种，一种是压榨法，另一种则是浸法。

· **动物性鲜奶油**：以乳脂或牛奶提炼而成，不带甜味，奶香浓郁，口感较厚重，但不容易维持打发后的形状，开封后冷藏约一周，不易久放，而且不能冷冻，否则会导致油水分离，但很适合使用在加热产品中。

· **植物性鲜奶油**：植物油氢化之后再添加香料制成的鲜奶油，含有反式脂肪酸，其打发状态稳定，保存期长，冷藏、冷冻都可。

糖类

· **砂糖**：经过精炼而成，依其颗粒粗细而定，一般我们最常用的糖，即为砂糖。

· **糖粉**：由砂糖磨研成的细细粉状，化口性好，以适应部分水分较少的产品。可分为纯糖粉和一般糖粉两大类。

· **黑糖**：未经过精炼，矿物质含量多，颜色较深，呈咖啡色。

· **水麦芽糖**：麦芽含量85%~86%，呈透明状，可以使产品保持适当的水分及柔软度，并能增加产品色泽。

蛋类

· **蛋类**：蛋的平均净重（不含蛋壳）50g，主要用于制作蛋糕，具有发泡性，是制作点心的重要材料之一。

香草精（荚）

· **香草精（荚）**：有浓缩香草精、香草粉、香草荚（香草棒）等，具有特殊香气，可增加食材的风味。

巧克力

· **巧克力**：有砖形、纽扣形、豆形，主要是由可可脂加砂糖、天然香料、卵磷脂配料组成。

吉利丁片

· **吉利丁片**：属于动物胶，又称明胶或鱼胶，多为动物骨头所提炼出来的胶质。使用前要先泡水软化，并溶于80℃以上的热水才会有作用，常用于慕斯类产品。

这样做，
东西才会更好吃！

Q：怎样做才能让饼干烤得酥脆？

A：要让饼干烤得酥脆，秘诀即是在手工饼干面团的成分里要"多油""多糖"。油多饼干才会酥，糖多饼干才会脆。一般饼干配方中可以使口感较脆的除了糖之外，还有蛋白。蛋白是属韧性材料，可以保持饼干成品的酥脆、坚固特性；相反的，若是想要口感酥松，则是加入蛋黄，蛋黄中含有卵磷脂，可以让饼干吃起来柔软蓬松。

Q：烘焙饼干的时间和温度应如何掌控？

A：大致上烘焙饼干的温度为170~180℃，烘焙时间10~15分钟，不过还是要视饼干厚薄程度而定。

饼干自进炉后，5分钟左右就应察看底部的颜色变化。如果底部已经呈现淡褐色，则降低底火（或用双层烤盘将饼干继续烤熟）。若进炉后5分钟饼干底部和表面都未呈现淡褐色，则继续烘烤至饼干表面颜色呈现金黄色后，就要马上出炉。

如果出炉的饼干边缘有一圈略为焦黑的颜色，表示底火的温度过高或过热，可将底火降低10℃，或是出炉后的饼干表面颜色深浅不均，则是上火温度过高，将上火温度调降10℃即可。

Q：为什么水浴法可以让乳酪蛋糕吃起来有湿润绵密的口感？

A：让蛋糕吃起来有湿润绵密的口感，最好的方法就是使用水浴法。

水浴法就是在烤盘里加入热水与产品一起烘烤的方法，也有人称为水蒸法。烘烤的温度介于130~160℃之间，这样烤出来的乳酪蛋糕会更湿润而且口感绵密细致，也不会因为温度一下升太高而造成表面膨胀裂开。

提醒大家，在烤盘里加入的热水量最好超过烤盘的1/2（一半），这样也可以避免中途打开烤箱加水使冷空气进入，让蛋糕塌陷。

Q：怎样才能打出不失败的蛋白霜，让蛋糕吃起来柔软绵密有弹性？

A：蛋糕吃起来是柔软绵密还是

坚硬没有弹性，关键在于打发蛋白的蛋白霜。

蛋白霜能不能打发成功，必须要注意下列这四件事。

❶ 鸡蛋的新鲜度：鸡蛋的新鲜与否会影响蛋白打发的程度，因为不新鲜的鸡蛋，蛋白的胶黏性较差，在搅打的过程中无法保存打入的空气，导致蛋白不容易被打发。

❷ 容器的干净度：放蛋白的容器应保持干净，不能有油渍、水渍等，因为微量的油脂会破坏蛋白中的蛋白质特性，使蛋白失去应有的黏性和凝固性。

❸ 蛋白的温度：蛋白在17~22℃的温度情况下是胶黏性最佳的状态。若是温度过高，蛋白变得很稀薄，无法保留打入的空气，故建议使用冷藏蛋里的蛋白，打发的稳定性会更好。

❹ 分蛋的熟练度：敲蛋的过程中应该特别小心，不要将蛋黄弄破，避免破坏蛋白的胶黏性，而影响打发的程度。

Q：什么是出筋？对于烘焙产品有什么影响？

A：面团经过搅打过程，最后形成柔软且具有延展性的面筋组织。面筋是一种黏性的胶体，具有良好的弹性和伸展性，薄薄地延展开，像是一层薄膜，可以透视的状态，即为出筋（简单的说为面筋扩展）。

手揉至出筋时间因人而异，平均来说20~40分钟，机器揉打10~15分钟就可以出筋。

Q：如何判断面团是否发酵完成？

A：当面团利用酵母生成二氧化碳，进行发酵时，面团内之面筋到达最大之气体能力和最大的延展性及弹性，面团膨胀至原来的数倍体积，形成像海绵一样轻、松的组织，即为发酵原理。

欲进一步确认面团是否已经发酵完成有两种方法。

❶ 器具测量法：准备尺、有刻度的量杯或可测量大小的器具皆可。将机器打（手揉）好的出筋面团取出一小团，放入量杯中与剩余的出筋面团同步发酵，量杯里的小面团涨至两倍大即发酵完成，例如：放入的刻度为2，涨至4，即表示发酵完全。

❷ 手指测量法：若没有器具可测量时，也可以用手指沾面粉插入面团中，抽出后面团孔洞保持原状不回缩，即发酵完成，反之则继续发酵。

Q：冬天没有发酵箱时，该如何发酵？

A：在面团发酵时，发酵的理想温度为28~30℃。在没有发酵箱的时候，有几种简便的方式可以使用。

❶保丽龙法：找一个合适面团大小的保丽龙盒（含盖），在内部角落放置一杯温度80℃以上的热水，再将面团放入保丽龙盒中，以营造出利于面团发酵的温度空间。

❷电锅法：先将一杯水放入电锅内，盖锅盖并按下开关，约2分钟后手动关掉，掀盖再用手掌测试锅内温度，若觉得内部温暖不烫手，即可把面团放入发酵。

面团发酵中应时常注意锅内温度变化，若不慎温度过高，酵母会因高温而失去活性，面团将无法发酵成功。

❸烤箱法：将烤箱温度设定在60℃左右，并预热5分钟后，将温度归零，此时在烤箱角落放一杯水，约2分钟后，即可放入面团发酵。

Q：何谓挞？何谓派？两者的制作方式有何区别？

A：挞跟派是经常被搞混的两种甜点，且里面的馅料又可甜可咸，只要注意下列模型外观与外皮面团的区别，即可分辨出挞与派。

❶以模型外观区别：挞以活动式模型、深度较浅的挞模烘烤，以利脱模方便；派则常常连同派盘一起烘烤，有时上面可再铺上一层派皮烘烤。

❷以外皮面团区别：派皮的原料很简单，通常由面粉、油脂、盐、水分组成，原料混合后再以重复擀折的方式制作，口感上有酥松的层次感；挞皮的原料则比派皮多了糖、鸡蛋，以糖油打发再均匀混合的方式制作，口感上则像饼干的酥脆感。

Q：油炸产品出炉的时候，为什么常放没多久就会感觉很油腻，要如何避免产生油腻的状况？

A：油炸时，如果油温太低，则需要较长的油炸时间，而导致面团吸油太多，这样就会造成产品本身过于油腻，油炸油温应该在180~190℃之间，温度不要超过200℃，因为温度过高反而会造成产品表面很快被炸成焦黑，而内部仍未熟透的现象。

建议初学者可使用温度计，确保油温在180~190℃之间；若是有经验者，则可用手指取少许冷水滴于油锅内，若很快地发出爆裂清脆的声音，则表示油已达到需要的温度。

Q：怎么挑选合适的油炸油？

A：以一般习惯和取得较容易程度来说，大部分的人都会选择液体状的沙拉油。优点是油炸出的成品口感酥脆，且取得的成本较低；缺点是在冷却后常会在表面产生一层油脂，吃起来感觉多了一份油腻感。

另一选择为耐热点（发烟点）较高的液体状油类，例如：葡萄籽油、茶油等，优点是除了保有酥脆的口感外，即使是长时间经高温油炸，也不易冒烟或导致油体变色；缺点是取得成本较高，且成品在冷却后也会在表面产生一层油脂，吃起来还是略有油腻感。

最后一种是经氢化处理的植物性固体油，如：椰子油、棕榈油等，优点是冷却后产品的表面干涸无油腻感觉，缺点是取得成本最高，购买途径较少。

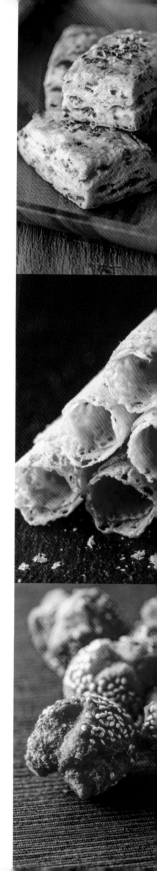

Q：何谓烫面？目的为何？有哪些产品会使用到烫面法？

A：制作中式点心时通常会将面粉经沸水烫过之后再加冷水搅拌成团，目的是使口感变得较软有弹性，叫作烫面法。

烫面是用高温度的水（95℃以上的热水）将面粉烫熟，让面粉的性质改变。面粉因被烫熟，所以面筋较无力，筋性差，可塑性良好，较不容易回缩，制作上更方便。

烫面更可让面团吸收水量多一倍以上，可以保持面皮的柔软度，在口感上，吃起来较软较弹。一般热水与冷水的比例是2：1，即在100g的面粉中，加入热水40g、冷水20g。把烫面用在煎的面食上，如：葱仔饼，就会有外脆内弹的感觉。一般蒸类制品，如：烧卖、汤包或是煎烙类制品，如：葱油饼、荷叶饼等都会使用烫面方式来增加弹软的口感。

Q：怎样才能做出美味好吃弹软的萝卜糕或芋头糕？

A：让萝卜糕或芋头糕口感更有弹性的重要关键——"糊化"。所谓的糊化，即淀粉与水混合均匀后，加热到60~65℃形成均匀糊状溶液，称为糊化作用。如果糊化不完全，即未达到一定的温度，则无法产生弹性，这个时候可以再加热达到所要的温度就可以了，但是若是加热过度，会让口感变硬，而造成老化。

Q：在手工馒头、包子中要怎样做才能有白白的外皮？

A：在传统做法中，在材料里加入黄豆粉，可使面团变得较白嫩，在配方里只要约2%的黄豆粉即可，即100g的面粉里加入2g的黄豆粉。

一般家庭中使用黄豆粉的机会不高而且用量少，如果没有黄豆粉，则可以使用烘焙用全脂奶粉替代，也有同样效果。

Cookie

第二章　饼干

海苔小圆饼

提示

最佳食用期，室温密封5天，冷藏10天。
烤箱预热温度，上火180℃、下火150℃，
烘烤时间12~15分钟。

🖐 材料、器具

饼干

A
- 黄油 60g ・ 糖 30g

B
- 全蛋液 50g

C
- 低筋面粉 100g
- 泡打粉 1/8 匙

D
- 奶酪粉 1 茶匙
- 海苔粉 1/2 匙

器具

E
- 0.8cm 圆形挤花嘴、
  挤花袋

成品分量：约 30 片

黄油60g   糖30g

全蛋液50g

低筋面粉100g   泡打粉1/8匙

奶酪粉1茶匙   海苔粉1/2匙

0.8cm圆形挤花嘴、
挤花袋

🍳 做法

1. 将材料A（黄油、糖）打发到乳白毛绒状。

2. 分次加入B（全蛋液）拌匀。

   > 每次加入蛋液都要确实搅打均匀，才能再继续加入。

3. 过筛材料C（低筋面粉、泡打粉）后搅拌。

   > 加入面粉之前，把打蛋器敲打干净后，改用长柄刮刀搅拌。

4. 再加入材料D（奶酪粉、海苔粉）拌匀。

6. 在烤盘中挤出直径2~3cm大小的圆形面糊。

5. 装入挤花袋中。

7. 在面糊表面撒上一些海苔粉后，上火180℃、下火150℃，烘烤12~15分钟。

02 蒙蒂翁坚果饼干

饼干类

 提示

最佳食用期，室温密封7天，冷藏14天。
烤箱预热温度，上火170℃、下火160℃，
烘烤时间10~15分钟。

材料

饼干

A
- 黄油 50g
- 糖 30g
- 盐 1/8 匙

B
- 动物性鲜奶油 10g

C
- 低筋面粉 100g

表面装饰

D
- 苦甜巧克力适量

E
- 坚果类、蔓越莓干
适量

成品分量：18 片

 黄油50g
 糖30g
 盐1/8匙

 动物性鲜奶油10g
 低筋面粉100g
 苦甜巧克力适量

 坚果类、蔓越莓干适量

 做法

1 将材料A（黄油、糖、盐）打发至乳白毛绒状。

3 将C（低筋面粉）过筛加入。

2 加入B（动物性鲜奶油）搅拌均匀。

4 用长柄刮刀搅拌成团，松弛10~15分钟。

5　将面团压扁。

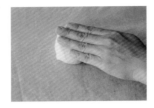

6　装入塑料袋中，**擀**成约0.4cm的厚度。

在塑料袋中擀好面团的厚度，把反面的塑料袋翻开，不要让面团粘在袋子上面，才会比较好取出喔！

7　用圆形模压成圆。

8　摆盘入烤箱，烤箱温度上火170℃、下火160℃，烘烤时间10~15分钟。

9　将材料D（苦甜巧克力）隔水加热熔化。

巧克力加热的温度不要太高，60~70℃即可，不然很容易油水分离，导致巧克力失去光泽感。

10　将熔化的巧克力倒入塑料袋中。

11　在饼干中心挤上巧克力。

饼干跟巧克力边缘要留0.5cm的空白，不要全部都挤满。

12　在未凝固前放上材料E（坚果类、蔓越莓干）装饰，待巧克力凝固即可食用。

03 蔓越莓杏仁饼干

饼干类

提示

最佳食用期，室温密封7天，冷藏14天。
烤箱预热温度，上火180℃、下火160℃，
烘烤时间12~15分钟。

材料

A
- 黄油 50g
- 糖 60g
- 盐 1/8 匙

B
- 全蛋液 25g

C
- 低筋面粉 140g

D
- 蔓越莓干 35g

E
- 杏仁片 20g

成品分量：约 36 片

黄油50g ＋ 糖60g ＋ 盐1/8匙

全蛋液25g

低筋面粉140g

蔓越莓干35g

杏仁片20g

做法

1 将材料A（黄油、糖、盐）依序加入。

2 用打蛋器搅打。

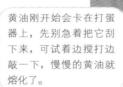

黄油刚开始会卡在打蛋器上，先别急着把它刮下来，可试着边搅打边敲一下，慢慢的黄油就熔化了。

3 将材料A（黄油、糖、盐）打发呈乳白毛绒状。

4 加入材料B（全蛋液）充分搅打。

若蛋液量太多时，要分多次加入，不然很容易造成油水分离，影响饼干口感。

5 加入材料C（低筋面粉）过筛。

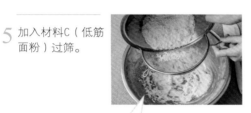

加入粉类时，不要再使用打蛋器，以免面粉搅拌过度，影响口感，以长柄刮刀将面粉拌匀。

6 加入材料D（蔓越莓干）后，再稍微搅拌一下。

7 加入材料E（杏仁片）。

8 最后拌成团。

9 将面团放入塑胶袋中整形成长条状（长约6cm，高约1.5cm）放入冰箱冷冻15~20分钟。

10 切成每块约0.5cm厚。

11 摆盘入烤箱，烤至金黄，烤箱温度上火180℃、下火160℃，烘烤时间12~15分钟。

04 核桃酥

饼干类

提示

最佳食用期，室温密封7天，冷藏14天。

烤箱预热温度，上火190℃、下火150℃，烘烤时间10~15分钟。

材料

A
- 黄油 105g
- 糖 90g
- 盐 1/8 匙

B
- 全蛋液 20g

C
- 低筋面粉 210g
- 泡打粉 1/8 匙
- 苏打粉 1/4 匙

D
- 碎核桃 30g

成品分量：15~18 片

黄油105g 糖90g 盐1/8匙

低筋面粉210g 泡打粉1/8匙 苏打粉1/4匙

全蛋液20g 碎核桃30g

做法

1 将材料A（黄油、糖、盐）放入料理盆中打发。

2 加入B（全蛋液）后搅打均匀。

全蛋液加入后，一定要快速搅打均匀，才不会打到油水分离喔！

加入面粉后就不要使用打蛋器了。因为面粉打发过度会口感不佳，也会卡在打蛋器上增加耗损量。

3 将材料C（低筋面粉、泡打粉、苏打粉）过筛加入。

4 用长柄刮刀搅拌均匀。

6 分割每个约25g并滚成圆球状。

5 加入D（碎核桃）后拌成团，松弛10~20分钟。

7 摆入烤盘后，在中心用手指压出一个小凹洞。

8 放入烤箱，烤箱温度上火190℃、下火150℃，烘烤10~15分钟，大功告成。

咖啡核桃饼干

提示

最佳食用期，室温密封7天，冷藏14天。

烤箱预热温度，上火180℃、下火160℃，烘烤时间15~20分钟。

材料

A
· 黄油 90g
· 糖 50g
· 盐 1/8 匙
B
· 全蛋液 20g
C
· 低筋面粉 150g
D
· 三合一即溶咖啡粉 1 包
E
· 核桃 50g

成品分量：约 20 片

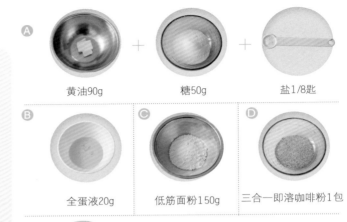

A 黄油90g + 糖50g + 盐1/8匙

B 全蛋液20g   C 低筋面粉150g   D 三合一即溶咖啡粉1包

E 核桃50g

做法

1 将材料A（黄油、糖、盐）放入盆中。

3 加入材料B（全蛋液）。

4 充分搅打至看不到蛋液。

2 将材料A（黄油、糖、盐）充分搅打，打到奶油松软，呈乳白色毛绒状。

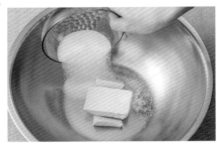

5 加入材料C（低筋面粉）过筛拌匀。

加入粉类后，就不要再使用打蛋器，以免搅拌过度，影响口感。

6 加入材料D（三合一即溶咖啡粉）拌匀。

7 加入材料E（核桃）。

8 拌成团后松弛10分钟。

9 将面团装入塑料袋中，整形成正方形或长方形。

10 放冰箱冷冻15~20分钟后取出切片。

放冰箱的目的，是为了方便裁切，而且切出来的表面较平整漂亮。

11 切片的厚度以0.3~0.5cm为宜，放入烤箱中，预热温度上火180℃、下火160℃，烘烤时间15~20分钟。

切的时候要尽量让厚薄差不多，否则烤的时候薄的很容易先焦掉，而厚的还没有熟。

06 格子饼干

饼干类

提示

最佳食用期，室温密封7天，冷藏14天。
烤箱预热温度，上火180℃、下火160℃，烘烤时间12~15分钟。

32

📖 材料

A
- 黄油 125g
- 糖粉 100g
- 盐 1/8 匙

B
- 全蛋 1 颗

C
- 低筋面粉 250g

D
- 可可粉 1 茶匙
- 苏打粉 1/8 匙
- 热水 15g

E
- 蛋白适量

成品分量：约 35 片

A

黄油125g　　　　糖粉100g　　　　盐1/8匙

B **C** **E**

全蛋1颗　　　低筋面粉250g　　　蛋白适量

D

可可粉1茶匙　　苏打粉1/8匙　　　热水15g

🥄 做法

1 将材料A（黄油、糖粉、盐）称好放入盆中。

2 将材料A（黄油、糖粉、盐）打发成乳白色毛绒状。

材料的蛋量如果超过50g时，记得要分次加入，因为过多的蛋液一次倒入不易搅打均匀，而且很容易水油分离，影响口感。

3 分次倒入材料B（全蛋）。

4 加入材料C（低筋面粉）过筛拌匀。

加入粉类后，就不要再使用打蛋器，以免搅拌过度，影响口感。

5 用长柄刮刀搅拌成团，松弛10分钟。

6 取出一半的白面团（约260g）来做黑面团，另一半白面团保留备用。

若只有可可粉直接加入面团中，不容易搅拌均匀，所以要在热水中溶化，才会方便操作。

7 将材料D（可可粉、苏打粉、热水）拌匀。

8 将拌匀的材料D加入做法6其中一半的白面团中。

9 搅拌均匀成黑面团。

10 变成黑、白两种面团。

11 将黑、白两种面团分别在塑料袋中压成长方形。

12 厚度约1.5cm大小。

> 放入冰箱冷藏 1 小时，
> 或是冷冻 20 分钟。

13 将变硬的面团抹上蛋白当黏着剂。

14 将两片黑、白面团叠好。

15 再将面团分割成宽1.5cm的长条状。

16 将切好的长条面团一面抹上蛋白。

17 一正一反组合黏起。

18 变成一黑一白的格子造型。

19 再放入冰箱冷冻，取出切成片状。放入烤盘，上火180℃、下火160℃，烘烤12~15分钟，烤至金黄色即可。

> 放冰箱的目的是方便裁切，而且切出来的表面较平整漂亮，所以也叫冰箱饼干。生面团整形好后放在冰箱冷冻，至少 3 个月都不会变质，取出切片即入烤箱。

杏仁瓦片

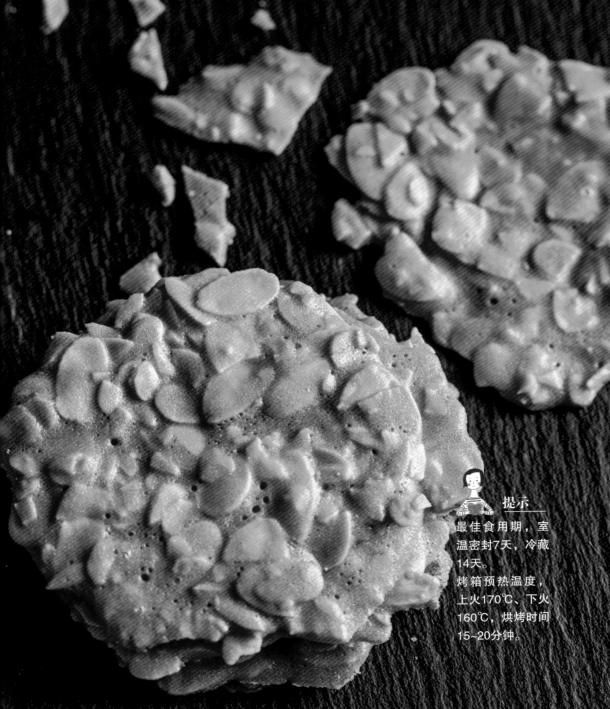

提示

最佳食用期，室温密封7天，冷藏14天。

烤箱预热温度，上火170℃、下火160℃，烘烤时间15~20分钟。

📊 材料

A
- 全蛋 50g
- 蛋白 30g
- 砂糖 40g
- 盐 1/8 匙

B
- 黄油 30g

C
- 低筋面粉 40g

D
- 杏仁片 100g

成品分量：15~18 片

A

全蛋50g　　蛋白30g　　砂糖40g　　盐1/8匙

B　黄油30g　　　C　低筋面粉40g　　　D　杏仁片100g

🥄 做法

1　将材料A（全蛋、蛋白、砂糖、盐）轻轻搅打匀。

2　再加入材料B（黄油）搅打匀。

> 隔水加热或用微波方式让黄油熔化。

3　加入材料C（低筋面粉）过筛拌匀。

> 将低筋面粉过筛，可以避免结块，影响口感。

4　再加材料D（杏仁片）搅打匀后，静置5~10分钟。

5　将静置后的面糊平铺于烤盘，即可放入烤箱。

> 如果担心粘盘，在烤盘上铺上防粘布或是烘焙纸。

> 请尽可能将杏仁片面糊均匀平铺，面糊过厚吃起来会过于厚重，少了一点儿清脆口感。

6　用刮板轻压杏仁片面糊，使其面积扩散。上火170℃、下火160℃，烘烤15~20分钟，烤至金黄色即可出炉。

08 可可燕麦饼干

饼干类

🍥 材料

A
- 黄油 65g
- 糖 45g
- 盐 1/8 匙

B
- 全蛋液 35g

C
- 低筋面粉 100g
- 可可粉 1 大匙
- 苏打粉 1/8 匙

D
- 即溶燕麦片 35g
- 巧克力豆 15g

成品分量：18~20 块

Ⓐ 黄油65g ＋ 糖45g ＋ 盐1/8匙

Ⓒ 低筋面粉100g ＋ 可可粉1大匙 ＋ 苏打粉1/8匙

Ⓑ 全蛋液35g

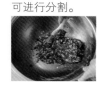

Ⓓ 即溶燕麦片35g ＋ 巧克力豆15g

🥄 做法

1　将材料A（黄油、糖、盐）打发。

2　分次加入材料B（全蛋液），充分搅打。

3　过筛加入材料C（低筋面粉、可可粉、苏打粉）拌匀。

加入粉类后就不要再使用打蛋器。

4　加入材料D（即溶燕麦片、巧可力豆），拌匀。

6　分成每个15g，揉成圆球，放入烤盘。

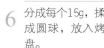

5　用长柄刮刀拌成团并松弛１０分钟，如面团不黏手即松弛完成，可进行分割。

7　将圆球压扁成圆片状，每片厚薄度不能差太多。上火180℃、下火160℃，烘烤时间12~15分钟。

09 蝴蝶结饼干

饼干类

提示

最佳食用期，室温密封5天，冷藏10天。

烤箱预热温度，上火190℃、下火160℃，烘烤时间15~20分钟。

📖 材料、器具

饼干

A
- 奶油 60g
- 糖粉 60g
- 盐 1/8 匙

B
- 全蛋液 25g

C
- 低筋面粉 80g
- 奶粉 10g

表面装饰

D
- 全蛋液适量

E
- 砂糖适量

F
- 杏仁碎片适量

器具

G
- 0.8cm 圆形挤花嘴、挤花袋

成品分量：约 15 块

A  + +

奶油60g　　　　糖粉60g　　　　盐1/8匙

B 　**C** +

全蛋液25g　　　低筋面粉80g　　　奶粉10g

D 　**E** 　**F**

全蛋液适量　　　砂糖适量　　　杏仁碎片适量

G

0.8cm圆形挤花嘴、挤花袋

🥄 做法

1 将材料A（黄油、糖粉、盐）依序放入。

2 打至松发呈乳白色毛绒状。

3 加入材料B（全蛋液），搅拌均匀。

> 全蛋液加入后要快速搅打均匀，才不会水油分离。

4 再加入材料C（低筋面粉、奶粉）过筛。

加入面粉后不要使用打蛋器，因为这样会造成面粉打过度口感不佳，面粉也会卡在打蛋器上增加耗损量。

5 用长柄刮刀搅拌均匀，拌到看不到粉末即可。

6 装入挤花袋中。

每一个蝴蝶结，要保持一定的距离，才不会黏在一起。若挤出的形状不满意，可以刮起再装回挤花袋重挤。

7 在烤盘上挤出蝴蝶结形状。

8 抹上蛋液。

9 撒上砂糖。

10 放上杏仁碎片，温度上火190℃、下火160℃，烤15~20分钟，烤至金黄色即可。

除了杏仁碎片外，用杏仁片挤压成碎粒，也是一种不错的做法。

10 伯爵小西饼

饼干类

提示

最佳食用期，室温密封7天，冷藏14天。
烤箱预热温度，上火180℃、下火160℃，
烘烤时间10~12分钟。

43

材料

A
- 黄油 100g
- 糖粉 55g
- 盐 1/8 匙

B
- 全蛋液 30g

C
- 低筋面粉 200g

D
- 伯爵茶包 2 包

成品分量：25~30 块

黄油100g

糖粉55g

盐1/8匙

全蛋液30g

低筋面粉 200g

伯爵茶包2包

做法

1 将材料A（黄油、糖粉、盐）依序加入。

2 打发至奶油松软呈毛绒状。

3 加入材料B（全蛋液），搅打匀。

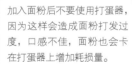

全蛋液量多时要分次加入，全蛋液加入后要快速搅打均匀，才不会水油分离。

4 加入材料C（低筋面粉），过筛。

加入面粉后不要使用打蛋器，因为这样会造成面粉打发过度，口感不佳，面粉也会卡在打蛋器上增加耗损量。

5　再将伯爵茶包撕开，倒入茶叶。

9　从冰箱取出切片。

切片的厚度要尽量一样厚，不然很容易因烤焙不均匀而烤焦。

6　用长柄刮刀拌成团后，松弛10分钟。

10　摆盘入烤箱，温度上火180℃、下火160℃，烤10~12分钟至金黄色即可。

若发现未烤熟，可以再回烤箱回烤至熟。

7　整形成圆形长条状。

8　用烘焙纸或是塑料袋卷起放入冰箱冷冻。

未烤的冷冻饼干面团可以冻1年左右，使用时不用解冻即可直接入烤箱。

杏仁千层酥饼

提示

最佳食用期，室温密封5天，冷藏14天。

烤箱预热温度，上火200℃、下火170℃，烘烤时间20~25分钟。

📖 材料

千层酥饼

A
- 高筋面粉 130g
- 低筋面粉 20g
- 糖 5g
- 盐 1/8 匙
- 黄油 12g
- 白醋 1/4 匙

B
- 冰水 80g

C
- 裹入油 100g

表面装饰

D
- 蛋白 15g
- 糖粉 50g

E
- 杏仁粒（片）适量

成品分量：约 36 片

 + +

高筋面粉130g　　低筋面粉20g　　糖5g

 + +

盐1/8匙　　黄油12g　　白醋1/4匙

冰水80g　　裹入油100g　　杏仁粒（片）适量

 +

蛋白15g　　糖粉50g

🥄 做法

1 先将材料D（蛋白、糖粉）搅拌均匀变成蛋白糖霜备用。

2 将称好的材料A（高筋面粉、低筋面粉、糖、盐、黄油、白醋）依序倒入料理盆中。

3 加入材料B（冰水）。

4 揉至面团光滑后松弛15分钟。

5 将面团擀成长方形或正方形。

6 将材料C（裹入油）放在中间。

裹入油一般也叫块状乳玛琳，在烘焙材料店才买得到，如果没有也可以用黄油替代。若用黄油替代裹入油，因为黄油含水量较高，所以每次擀折后一定要放冰箱冷藏才较方便擀折。

7 将接口处捏紧。

8 将面团擀压平整。

擀压时面皮上若有气泡产生，用叉子刺破。

9 将擀压好的面团左右两边向中间折起（折3折）。

若是在炎热的天气制作，擀折后请放入冰箱松弛，面团会比较好操作。

10 每擀压折起一次就要松弛15~20分钟。

千层酥饼吃起来会有多层饼皮，擀折次数也就要多达3折4次。

11　3折4次后，擀成
一片厚度0.5cm的
面皮。

12　将边缘不规则的
面皮切掉。

13　再平均切成6片
大小一致的长方
形。

14　再依照自己喜好的饼干大小裁切。

15　整齐摆排入烤
盘中，抹上蛋
白糖霜。

16　平均铺满杏仁碎片或是
杏仁颗粒，放入烤箱，
温度上火200℃、下火
170℃，烤20~25分钟，
烤至金黄色。

南瓜子沙布蕾

提示

最佳食用期，室温密封7
天；冷藏14天。
烤箱预热温度，上火
180℃、下火160℃，烘
烤时间15~18分钟。

材料

A
- 黄油 80g
- 糖粉 60g
- 盐 1/8 匙

B
- 全蛋液 20g

C
- 低筋面粉 180g

D
- 南瓜子 50g

成品分量：25~28 片

黄油80g

糖粉60g

盐1/8匙

全蛋液20g

低筋面粉180g

南瓜子50g

 ## 做法

1 将材料A（黄油、糖粉、盐）打发至乳白色毛绒状。

2 分次加入材料B（全蛋液），并充分搅打均匀。

3 材料C（低筋面粉）过筛后，加入拌匀。

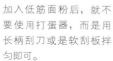 加入低筋面粉后，就不要使用打蛋器，而是用长柄刮刀或是软刮板拌匀即可。

4 加入材料D（南瓜子）拌匀后整成面团。

5 将面团整形成长方体。

6 把长方体面团放入塑料袋后，放入冰箱冷冻，再取出切片，每片约0.5cm厚，放入烤盘，温度设定在上火180℃、下火160℃，烘烤15~18分钟即可大功告成。

13 巧克力英式松饼

提示

最佳食用期，室温密封5天，冷藏10天。

烤箱预热温度，上火180℃、下火150℃，

烘烤时间15~20分钟。

材料

松饼

A
- 中筋面粉 150g
- 糖 20g
- 泡打粉 1/8 匙
- 苏打粉 1/8 匙
- 盐 1/8 匙

B
- 黄油 50g

C
- 动物性鲜奶油 50g

D
- 苦甜巧克力碎片 25g
- 巧克力豆 25g

表面装饰

E
- 全蛋液适量

成品分量：8 片

中筋面粉150g   糖20g   泡打粉1/8匙

苏打粉1/8匙   盐1/8匙

黄油50g   动物性鲜奶油50g   全蛋液适量

苦甜巧克力碎片25g   巧克力豆25g

 做法

1 先将材料A（中筋面粉、糖、泡打粉、苏打粉、盐）用软刮板搅拌均匀后加入材料B（黄油）。

2 先将材料B（黄油）均匀切成小块状，再与材料A拌切成颗粒状。

3 加入材料C（动物性鲜奶油），拌匀。

4 再加材料D（苦甜巧克力碎片、巧克力豆）。

7 切成8等份摆入烤盘中。

5 拌压成一团。

只要拌压到成团即可，不可过度揉捏。

6 将面团放入塑料袋里，用擀面棍整形成约1.5cm厚的圆片状。

8 抹上蛋液即可入烤箱。

9 上火180℃、下火150℃，烘烤时间15~20分钟。

材料、器具

饼干

A
- 黄油 80g
- 糖粉 40g
- 盐 1/8 匙

B
- 全蛋 1 颗

C
- 鲜奶 15g

D
- 低筋面粉 90g
- 可可粉 15g

表面装饰

E
- 苦甜巧克力 100g

器具

F
- 0.8cm 圆形挤花嘴、
  挤花袋

成品分量：30~35 块

黄油80g

糖粉40g

盐1/8匙

全蛋1颗

鲜奶15g

苦甜巧克力 100g

低筋面粉90g

可可粉15 g

0.8cm圆形挤花嘴、
挤花袋

做法

1　将材料A（黄油、糖粉、盐）全部倒入料理盆中。

2　用打蛋器打发至乳白色毛绒状。

3　分次加入材料B（全蛋），充分搅打。

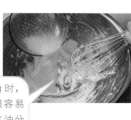

材料里的蛋液量超过 50g 时，一定要分次加入，否则很容易因为搅打不均匀而产生水油分离现象。

4 加入材料C（鲜奶）搅打均匀。

8 在烤盘上挤出约1元硬币大小的圆饼。烤箱温度上火170℃、下火160℃，烘烤10~12分钟。

挤出后面糊中心上方有尖角凸起，可用手轻压，或是用挤花嘴轻轻抹平。

5 再过筛加入材料D（低筋面粉、可可粉）。

9 将表面装饰材料E（苦甜巧克力）隔水加热熔化。

面粉过筛倒入后，就不要再使用打蛋器，以免搅打过度影响口感。

10 将烤好的巧克力饼半边沾上做法9熔化的苦甜巧克力。

6 以长柄刮刀拌匀至看不到粉末即可。

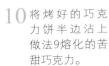

11 放在置凉架上冷却后，即可食用。

7 装入挤花袋中。

奶油圈圈饼

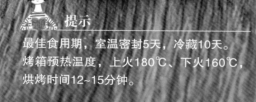

提示

最佳食用期，室温密封5天，冷藏10天。
烤箱预热温度，上火180℃、下火160℃，
烘烤时间12~15分钟。

🍪 材料、器具

饼干

A
- 黄油 90g
- 糖粉 60g
- 盐 1/8 匙

B
- 全蛋液 30g

C
- 低筋面粉 130g

器具

D
- 8 爪挤花嘴、挤花袋

成品分量：15~18 块

Ⓐ

黄油90g	糖粉60g	盐1/8匙

Ⓑ   Ⓒ

全蛋液30g   低筋面粉130g   8爪挤花嘴、挤花袋

🥄 做法

1 将材料A（黄油、糖粉、盐）依序加入后，打发到奶油松软呈乳白色毛绒状。

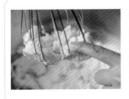

在搅打过程中，奶油会卡在打蛋上，是正常状况，只要继续搅打奶油就会熔化，不需要特别用手或是工具刮下。

2 加入材料B（全蛋液），充分搅打均匀。

全蛋液加入后要快速搅打均匀，才不会打到油水分离。

3 过筛加入材料C（低筋面粉）。

加入面粉后不要使用打蛋器，以免搅打过度影响口感，面粉也会卡在打蛋器上，增加耗损量。

4 搅拌均匀，并松弛10分钟。

5 把面糊装入挤花袋。

6 在烤盘上挤出圆圈形状的面糊。烤箱温度上火180℃、下火160℃，烘烤12~15分钟。

除了挤出圆圈的造型，也可以挤出自己想要的形状，可自由发挥创意。

可可小西点

17
饼干类

（台式马卡龙）

提示

最佳食用期，室温密封3天，冷藏14天。
烤箱预热温度，上火180℃、下火160℃，烘
烤时间12~15分钟。

材料、器具

饼干

A
- 蛋黄 25g
- 砂糖 10g

B
- 沙拉油 10g

C
- 牛奶 15g

D
- 低筋面粉 20g
- 可可粉 1/2 匙

E
- 蛋白 40g
- 砂糖 15g

馅料

F
- 黄油 30g
- 焦糖酱 10g

表面装饰

G
- 糖粉适量

器具

H
- 0.8cm 圆形挤花嘴、挤花袋

成品分量：约 36 片（18 颗）

A 蛋黄25g + 砂糖10g　　B 沙拉油10g

C 牛奶15g　　D 低筋面粉20g + 可可粉1/2匙

E 蛋白40g + 砂糖15g　　G 糖粉适量

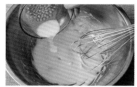
F 黄油30g + 焦糖酱10g　　H 0.8cm圆形挤花嘴、挤花袋

做法

1 将材料A（蛋黄、砂糖）用打蛋器搅拌均匀。

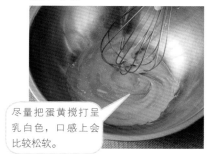

> 尽量把蛋黄搅打呈乳白色，口感上会比较松软。

2 再加入材料B（沙拉油）拌匀。

3 加入材料C（牛奶）拌匀。

4 过筛，加入材料D（低筋面粉、可可粉）搅拌均匀。

8 打好的做法7（蛋白霜）取出约1/3量与做法4混合均匀。

5 将材料E（蛋白）用电动打蛋器打出一些泡沫。

9 最后再将剩下的做法7（蛋白霜）全数倒入。

6 将材料E（砂糖）一次倒入。

10 将蛋白霜与面糊混合均匀。

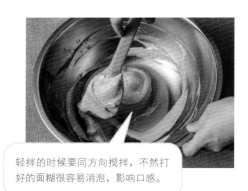

轻拌的时候要同方向搅拌，不然打好的面糊很容易消泡，影响口感。

7 打到硬性发泡，即蛋白霜呈坚挺状。

11 装入挤花袋中。

12 在烤盘上挤出圆形面糊（直径约2.5cm）。

14 将 材 料 F
（黄油、焦
糖酱）全部
加入后，用
打蛋器打到
黄油松软即
可。

13 最后在面糊上撒上糖粉，放入烤箱，烤箱
温度上火180℃、下火160℃，烘烤时间
12~15分钟。

糖粉建议重复撒2次，这样
才容易平均覆盖在面糊上，
烤出来的可可小西点表面才
会漂亮。

15 将烤好的可可小西饼拿出一片，挤上
馅料。

16 再将另一片大
小差不多的
可可小西饼
盖上，即可食
用。

芝麻杂粮饼干

提示

最佳食用期，室温密封7天，冷藏14天。
烤箱预热温度，上火180℃、下火160℃，烘烤时间15~20分钟。

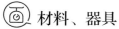 **材料、器具**

芝麻杂粮饼干

A
- 黄油 60g
- 砂糖 15g
- 黑糖 20g
- 盐 1/8 匙

B
- 全蛋液 15g

C
- 低筋面粉 100g

D
- 杂粮粉 20g
- 黑芝麻 15g
- 燕麦 10g

器具

E
- 饼干模型

成品分量：15~18 块

A
黄油60g ＋ 砂糖15g

B
全蛋液15g

黑糖 20g ＋ 盐1/8匙

C
低筋面粉100g

D
杂粮粉20g ＋ 黑芝麻15g ＋ 燕麦10g

E
饼干模型

 做 法

1 将材料A（黄油、砂糖、黑糖、盐）搅打。

3 加入材料B（全蛋液）拌匀，拌到看不到蛋液。

2 将做法1打发到膨松柔软。

4 过筛加入材料C（低筋面粉）。

5 将做法4搅拌均匀。

加入面粉后，就不要再使用打蛋器，改用刮板。

7 将面团放入塑料袋中压扁。

8 擀压成约0.3~0.5cm的厚度。

6 加入材料D（杂粮粉、黑芝麻、燕麦）拌成团，并松弛10~15分钟。

擀扁的面团，前后两面的塑料袋都先拉起再擀，以免压模后的面团粘在袋上。

9 用模压出饼皮后，放入烤盘中。温度上火180℃、下火160℃，烤15~20分钟即可。

19 栗子烧

 提示

最佳食用期，室温密封7天，冷藏14天。
烤箱预热温度，上火190℃、下火160℃，烘烤时间12~15分钟。

材料

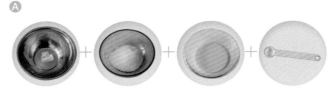

面皮

A
- 黄油 10g
- 砂糖 40g
- 炼乳 15g
- 盐 1/8 匙

B
- 全蛋液 45g

C
- 低筋面粉 140g
- 泡打粉 1/4 匙

馅料

D
- 蒸熟栗子 100g
- 白豆沙 200g

表面装饰

E
- 白芝麻适量

成品分量：10 个

A

黄油10g ＋ 砂糖40g ＋ 炼乳15g ＋ 盐1/8匙

B

全蛋液45g

C

低筋面粉140g ＋

泡打粉1/4匙

D

蒸熟栗子100g ＋ 白豆沙200g

E

白芝麻适量

做法

1 将材料A（黄油、砂糖、炼乳、盐）依序加入。

2 用隔水加热方式，将材料A拌到完全熔化后取出。

3 加入材料B（全蛋液）。

4 快速充分搅拌均匀。

5 过筛加入材料C（低筋面粉、泡打粉），拌匀。

面粉放入之后就不要使用打蛋器，以免过度搅拌，影响口感。

6 拌成团并松弛10分钟。

7 将栗子剥成碎颗粒状。

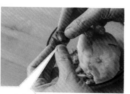

栗子用电锅蒸熟。内锅水至栗子，外锅放一碗水。

8 将做法7的栗子馅跟白豆沙拌匀成团。

9 分割外皮，每颗重25g。

10 分割内馅，每颗重20g。

11 将馅料包入面皮。

12 接口捏紧。

13 整形成水滴状。

14 在圆形底部蘸水。

15 沾上芝麻入烤箱，烤箱温度上火190℃、下火160℃，烘烤12~15分钟。

刚烤好的栗子烧，外皮口感会较硬，放置几天后外皮软化，口感较佳。

巧克力脆皮泡芙

提示

最佳食用期，冷藏3天，冷冻14天。
烤箱预热温度，上火200℃、下火
180℃，烘烤时间30~35分钟。

📋 材料、器具

泡芙

A
- 沙拉油 55g
- 盐 1/8 匙
- 水 95g

B
- 高筋面粉 75g

C
- 全蛋 100g

脆皮

D
- 黄油 40g   砂糖 25g

E
- 低筋面粉 45g
- 可可粉 1 茶匙

馅料

F
- 冰淇淋或奶油霜均可

器具

G
- 0.8cm 圆形挤花嘴、挤花袋

成品分量：约 15 颗

沙拉油55g   盐1/8匙   水95g

高筋面粉75g

黄油40g   砂糖25g

全蛋100g

低筋面粉45g   可可粉1茶匙

冰淇淋或奶油霜均可   0.8cm圆形挤花嘴、挤花袋

🥄 做法

1 将材料D（黄油、砂糖）依序倒入。

2 倒入材料E（低筋面粉、可可粉）。

3 拌抓成团，松弛15~20分钟。

4 将材料A（沙拉油、盐、水）依顺序倒入。

加入沙拉油的时候从中间轻轻倒入，不要碰到盆边，这样加热时油才不会喷得到处都是。

5 将材料A（沙拉油、盐、水）煮到沸腾。

6 加入材料B（高筋面粉）。

7 用打蛋器搅拌均匀。

8 分次加入材料C（全蛋）。

每加一次蛋都要确实快速搅拌均匀，才能再加，不然很容易油水分离。

9 搅拌均匀，至面糊拉起来呈倒三角状即可。

10 将面糊装入挤花袋中。

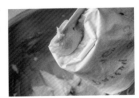

11 挤出圆形面糊。

若不能把握每次挤的大小，可以用圆形模型，或是圆形盖子沾上面粉，在烤盘上做圆形记号。

12 将做法3的面团（脆皮）平均分割，约每个8g。

13 压成圆扁状，盖于面糊上入烤箱。烤箱温度上火200℃、下火180℃，烘烤30～35分钟。出炉后待凉，填入做好的内馅即可食用。

面团会粘手时，手沾一些面粉会更好操作。

21 辣味饼干

饼干类

提示

最佳食用期，室温密封7天，冷藏14天。
烤箱预热温度，上火180℃、下火
160℃，烘烤时间12~15分钟。

77

材料、器具

A
• 黄油 80g　　• 糖粉 55g
• 盐 1/8 匙

B
• 全蛋液 30g

C
• 低筋面粉 150g
• 泡打粉 1/8 匙

D
• 辣味粉 1 茶匙
• 杏仁粉 25g
• 奶酪粉 1/2 匙

器具

E
• 饼干模型

成品分量：28~30 片

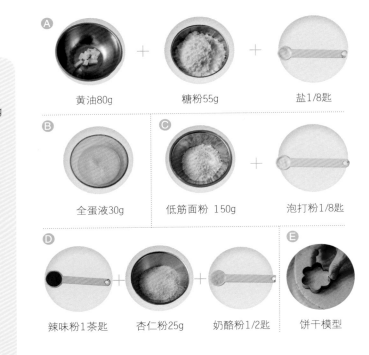

Ⓐ 黄油80g ＋ 糖粉55g ＋ 盐1/8匙

Ⓑ 全蛋液30g

Ⓒ 低筋面粉 150g ＋ 泡打粉1/8匙

Ⓓ 辣味粉1茶匙 ＋ 杏仁粉25g ＋ 奶酪粉1/2匙

Ⓔ 饼干模型

做法

1 将材料A（黄油、糖粉、盐）依序放入料理盆中。

2 用打蛋器搅打到奶油变成乳白色毛绒状。

3 加入材料B（全蛋液）搅打均匀。

若加入的蛋液超过 50g 时，一定要分次加入，否则很容易因为搅打不均匀而产生油水分离现象。

4 过筛加入材料C
（低筋面粉、泡
打粉）。

面粉过筛加入后，就不要再
使用打蛋器，以免搅打过度
影响口感。

5 加入材料D（辣味
粉、杏仁粉、奶
酪粉）。

6 用长柄刮刀搅
拌成团，松弛
10~15分钟。

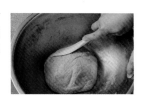

7 取出一部分面团放入塑料袋中，用擀面棍
将面团压扁，厚度约0.3cm。

先将塑料袋左右两边剪
开，这样较方便将擀好的
面团取出。

8 用饼干模型压
出形状。

9 将压好的形状放
入烤盘中，用
叉子刺洞。烤
箱预热温度上
火180℃、下火
160℃，烘烤时间
12~15分钟，烤
至金黄色即可。

刺洞的目的是为了不让饼
干表面在烘烤时，产生不
规则的气泡，影响美观。

芝麻蛋卷

提示

最佳食用期，室温密封5天，冷藏10天。

材料、器具

蛋卷

A
- 全蛋 1 颗
- 糖粉 60g

B
- 熔化黄油 55g

C
- 低筋面粉 55g
- 泡打粉 1/4 匙

D
- 水 20g

E
- 芝麻适量

器具

F
- 蛋卷模

成品分量：12~15 条

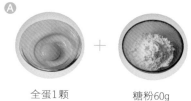

全蛋1颗 ＋ 糖粉60g

熔化黄油55g

低筋面粉55g ＋ 泡打粉1/4匙

水20g

芝麻适量

蛋卷模

做法

1 将材料A（全蛋、糖粉）依序加入。

2 打发呈乳白色浓稠状。

3 加入材料B（熔化黄油），拌匀。

4 过筛加入材料C（低筋面粉、泡打粉），拌匀。

5 加入材料D（水），
拌匀。

7 拌匀后松弛约
15分钟。

如果天气冷，面糊较硬，可以把料理盆泡入热水，使其软化，较方便操作。

6 加入材料E（芝麻），拌匀。

8 舀一汤匙面糊
倒入蛋卷模
中。

9 压扁，用小火
煎，每面煎30秒
后卷起，就完成
好吃的芝麻蛋卷
了。

在煎的过程
中，要戴手
套操作，避
免烫伤。

23 饼干类

车轮饼

材料、器具

全蛋液65g

蜂蜜1茶匙

低筋面粉165g

沙拉油1茶匙

水150g

泡打粉1/2匙

糖粉25g

红豆泥180g

鲜奶油80g

车轮饼多功能烤盘

饼皮

A
- 全蛋液 65g
- 蜂蜜 1 茶匙
- 沙拉油 1 茶匙
- 水 150g

B
- 糖粉 25g

C
- 低筋面粉 165g
- 泡打粉 1/2 匙

馅料

D
- 红豆泥 180g
- 鲜奶油 80g

器具

E
- 车轮饼多功能烤盘

成品分量：10 个

做法

1　将材料A（水、沙拉油、蜂蜜、全蛋液）全部倒入，拌匀。

2　加入材料B（糖粉）拌匀到糖溶化。

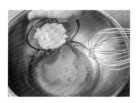

3　过筛加入材料C（低筋面粉、泡打粉）。

4　用打蛋器将面粉搅拌均匀，放置30分钟。

5 将材料D（红豆泥、鲜奶油）充分搅拌均匀即可。

8 用擀面棍将面糊周围涂抹均匀。

6 将车轮饼多功能烤盘在炉火上加热，在每个凹槽处抹油。

通常刚开始放入的车轮饼皮因锅不够热，所以较不容易将外皮煎得很漂亮，这是正常现象。

7 倒入适量面糊。

9 在一个饼皮中间放入红豆馅。

10 取出另一个饼皮盖上，就完成了香喷喷的红豆车轮饼。

提示

最佳食用期，室温密封2天，冷藏10天。

材料

A
黄油15g ＋ 糖90g ＋ 盐1/4匙

B
全蛋液80g

C
低筋面粉200g ＋ 泡打粉1/2匙

D
白芝麻适量

饼干

A
• 黄油 15g
• 糖 90g
• 盐 1/4 匙

B
• 全蛋液 80g

C
• 低筋面粉 200g
• 泡打粉 1/2 匙

表面装饰

D
• 白芝麻适量

成品分量：约 25 颗

做法

1　将材料A（黄油、糖、盐）搅打均匀。

3　过筛加入材料C（低筋面粉、泡打粉）。

加入过筛的面粉后就不要用打蛋器，以免影响口感。

2　加入材料 B（全蛋液），搅打均匀。

4　将做法3拌成团，并松弛15~20分钟，不粘手即可。

5 将面团分割，每个重15g。

7 将面团沾水，沾芝麻。

6 搓成圆形。

8 最后在手心上滚动。

目的是让芝麻更紧密地贴在面团上，不容易掉落。

9 入锅油炸，炸到金黄色即可出锅享用。

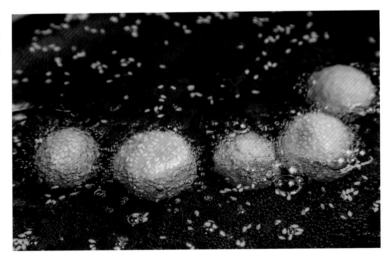

一口酥

提示

最佳食用期，室温密封7天，冷藏14天。
烤箱预热温度，上火190℃、下火160℃，烘烤时间25~30分钟。

材料

黄油35g + 无水奶油35g

糖粉50g

全蛋液20g

低筋面粉150g + 泡打粉1/8匙

奶粉15g

豆沙150g

黑芝麻适量

蛋液适量

做法

1 将材料A（黄油、无水奶油）依序放入。

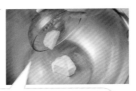

> 加入无水奶油会使饼皮更酥香，若没有无水奶油，可以用奶油替代，口感会比较硬脆。

2 加入材料A的糖粉。

3 用打蛋器打发到呈现乳白色毛绒状。

4 加入材料B（全蛋液），搅拌均匀。

5 过筛加入材料C（低筋面粉、泡打粉）并拌成团。

> 倒入面粉后以长柄刮刀或软刮板拌匀成团，不要再使用打蛋器，因为这样会造成面粉打过度口感不佳，面粉也会卡在打蛋器上增加耗损量。

6 加入材料D（奶粉）。

7 拌成团并松弛10~20分钟。

8 将面团整形成长条。

> 如果会粘手，可以撒点儿面粉备用，但不要太多。

9 擀成厚0.3~0.5cm，长约10cm的长条状。

10 将豆沙搓成长条，长短跟面团一样长度。

11 放入面团中包起。

12 接口捏紧朝下。

13 切成2~3cm的段，放入烤盘。

14 上面刷蛋液。

15 撒一些黑芝麻，烤箱温度上火190℃、下火160℃，烘烤25~30分钟。

3 Chapter

Tart & Pie

第三章　挞派

葡式蛋挞

提示

最佳食用期：室温1天，冷藏5天。

烤箱预热温度，上火200℃、下火
180℃，烘烤时间20~25分钟。

材料、器具

挞皮

A
- 高筋面粉 130g
- 低筋面粉 20g
- 糖 5g
- 盐 1/8 匙
- 黄油 12g
- 白醋 1/4 匙

B
- 冰水 80g

C
- 裹入油 100g

馅料

D
- 全蛋 50g
- 蛋黄 25g

E
- 鲜奶 70g
- 动物性鲜奶油 30g
- 糖 25g

器具

F
- 蛋挞铝模模型

成品分量：6 个

A

 高筋面粉130g ＋ 低筋面粉20g ＋ 糖5g

 盐1/8匙 ＋ 黄油12g ＋ 白醋1/4匙

B 冰水80g

D 全蛋50g ＋ 蛋黄25g

E  鲜奶70g ＋ 动物性鲜奶油30g ＋ 糖25g

C  裹入油100g

F 蛋挞铝模模型

做法

1 将称好的材料A（高筋面粉、低筋面粉、糖、盐、黄油、白醋）依序倒入料理盆中。

2 加入材料B（冰水）。

3 揉至面团光滑后松弛15分钟。

4 将面团擀成长方形或正方形。

5 将材料C（裹入油）放在中间。

6 包起。

裹入油一般也叫块状乳玛琳，在烘焙材料店才买得到，如果没有也可以用黄油替代。若用黄油替代裹入油，因为黄油含水量较高，所以每次擀折后一定要放冰箱冷藏，这样较方便擀开。

7 将接口处粘紧。

8 将面团擀压平整。

擀压时面皮上若有气泡产生，用叉子刺破。

9 将擀压好的面皮左右两边向中间折起（即为3折）。

10 每擀压折起一次就要松弛15~20分钟。

若是在天气热的季节做，每次擀折后放入冰箱松弛，面皮会比较好操作。

11 三折四次后，擀成一片厚度1.5cm的酥皮。

12 将边缘不规则的酥皮切掉。

13 再平均切成4片大小一致的正方形酥皮。

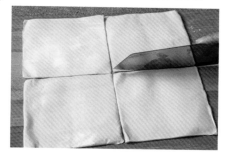

18 放入挞模中。

若面皮边缘不规则，可用刮板刮平。

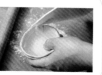

14 将切好的酥皮一片卷起。

19 将材料D（全蛋、蛋黄）拌匀。

15 放在第二片上接着卷起。

20 加入材料E（鲜奶、动物性鲜奶油、糖），搅打匀。

16 将4片全部卷成圆柱状，平均切成6等份。

21 将搅打好的蛋液过滤。

建议过滤两次，这样的蛋挞会更有细致口感。

17 用擀面棍擀成圆片（与挞模大小一样的酥皮）。

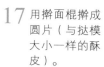

22 将馅料倒入挞模中放入烤箱。烤箱温度上火200℃、下火180℃，烘烤时间20~25分钟，呈金黄色即可。

27 台式古早味蛋挞

提示

最佳食用期，冷藏7天。

烤箱预热温度上火170℃、下火160℃，挞皮
边缘上色后，再降至150℃烤20~25分钟。

📷 材料、器具

挞派

挞皮

A
- 黄油 65g
- 糖粉 50g

B
- 全蛋液 35g

C
- 低筋面粉 135g
- 泡打粉 1/8 匙

馅料

D
- 砂糖 125g
- 鲜奶 260g
- 盐 1/4 匙

E
- 全蛋 3 颗
- 蛋黄 4 颗

器具

F
- 蛋挞铝模模型

成品分量：10 个

A
 +

黄油65g   糖粉50g

E

全蛋3颗

+

蛋黄4颗

C
 +

低筋面粉135g   泡打粉1/8匙

D
 + +

砂糖125g   鲜奶260g   盐1/4匙

B

全蛋液35g

F

蛋挞铝模模型

🥄 做法

1　将材料A（黄油、糖粉）依序加入。

2　打发呈乳白色毛绒状态。

99

3 加入材料B（全蛋液）。

7 松弛15~20分钟。

4 搅打到看不到蛋汁。

8 将面团分割成每个25g。

5 过筛加入材料C（低筋面粉、泡打粉）。

9 用手指腹轻压入模型中。

6 用长柄刮刀或刮板拌成团。

加入面粉后，就不要使用打蛋器，以免搅打过度，影响口感。

10 超出边缘的面团用刮板刮掉。

蛋挞边缘要厚一点儿才好看，而且也不容易碎裂及烤焦。切下来的剩余碎小面团，再放到下一个中，继续压挞形。

11 材料D（砂糖、鲜奶、盐）依序加入。

15 将混合好的蛋液过滤，静置约30分钟。

建议过滤两次，这样的蛋挞会更有细致口感。

12 用打蛋器轻轻搅至溶化。

冬天时可用加热方式让糖快速溶化。

16 将馅料蛋液倒入挞模中约八九分满。放入烤箱，温度上火170℃、下火160℃，烤至边缘着色，再将上火降至150℃烤至熟。

13 再轻轻倒入搅拌均匀的材料E（蛋液）。

烤时中间的馅料若鼓起，将烤盘拿出，等到消下去后再入炉续烤，可以反复此动作，直到蛋挞烤熟即可，用时约20~25分钟。

14 轻轻搅匀。

提示

最佳食用期，冷藏7天。

烤箱预热温度，上火160℃、下火170℃，烘烤时间20~25分钟。

材料、器具

挞皮

A
- 黄油 40g
- 糖粉 30g

B
- 全蛋液 10g

C
- 高筋面粉 70g
- 奶粉 10g

馅料

D
- 奶油奶酪 70g
- 糖 15g

E
- 全蛋液 20g

F
- 动物性鲜奶油 20g

G
- 低筋面粉 1/4 匙
- 玉米粉 1/4 匙

器具

H
- 蛋挞铝模模型

成品分量：6 个

Ⓐ 黄油40g + 糖粉30g

Ⓑ 全蛋液10g

Ⓒ 高筋面粉70g + 奶粉10g

Ⓔ 全蛋液20g

Ⓓ 奶油奶酪70g + 糖15g

Ⓕ 动物性鲜奶油20g

Ⓖ 低筋面粉1/4匙 + 玉米粉1/4匙

Ⓗ 蛋挞铝模模型

做法

1 将材料A（黄油、糖粉）加入料理盆中。

3 加入材料B（全蛋液），打匀。

2 用打蛋器打发呈乳白色毛绒状。

4 加入材料C（高筋面粉、奶粉），以长柄刮刀拌压成团后松弛10~15分钟。

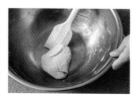

5 将面团分割成
每个重25g。

6 压入模中。

用大拇指的
指腹慢慢轻
推，让面团
沿着模型边
缘往上移动。

7 再将挞模边缘多余的面团用刮板切齐。

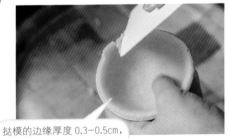

挞模的边缘厚度 0.3~0.5cm，
不要太过薄，否则很容易烤
焦。

8 将材料D（奶
油奶酪、糖）
倒入料理盆
中。

9 用打蛋器打至
松软状后，加
入材料E（全
蛋液），搅打
均匀。

10 倒入材料F
（动物性鲜奶
油），打匀。

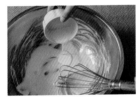

11 最后再加入
材料G（低筋
面粉、玉米
粉），打匀。

12 将馅料装入塑
料袋中。

13 均匀挤到做好
的挞皮中，约
八分满，放入
烤箱，上火
160℃、下火
170℃，烘烤
时间20~25分
钟，烤至金黄
色即可。

11 将派皮面团擀成圆片状。

12 擀成比派盘多出1cm大小。

13 用擀面棍辅助卷起派皮，铺在派盘里。

14 在派盘周围贴紧。

15 将边缘不规则的派皮用刮板切去。

16 刺洞后放进烤箱，烘烤温度上火180℃、下火160℃，烘烤15~20分钟后取出。

派皮刺洞后，松弛20分钟再进烤箱，派皮比较不容易缩得太严重。

17 将炒熟的馅料倒入烤熟派皮中铺平。

18 倒入蛋液。

19 铺上奶酪片。

20 再铺上一些青豆仁装饰，放进烤箱，烘烤温度上火180℃、下火160℃，烘烤时间15~20分钟，烤至蛋液不会晃动即可。

31 草莓乳酪雪挞

挞派类

提示

最佳食用期，冰箱冷藏7天。
烤箱预热温度，上火160℃、下
火150℃，烘烤时间25~30分钟。

102

📷 材料、器具

挞皮

A
- 黄油 65g
- 糖粉 20g

B
- 全蛋液 10g

C
- 中筋面粉 80g
- 奶粉 10g

乳酪馅

D
- 奶油奶酪 90g
- 糖 10g

E
- 全蛋液 25g

F
- 玉米粉 1/2 匙

G
- 草莓酱 10g

表面装饰

H
- 草莓适量

I
- 打发鲜奶油适量

器具

J
- 直径 5.5cm 的圆形压模 6 个

成品分量：约 6 个

黄油65g ＋ 糖粉20g

全蛋液10g

中筋面粉80g ＋ 奶粉10g

全蛋液25g

奶油奶酪90g ＋ 糖10g

玉米粉1/2匙

草莓酱10g

草莓适量

打发鲜奶油适量

直径5.5cm的圆形压模

🥄 做法

1 将材料A（黄油、糖粉）称好放入料理盆中。

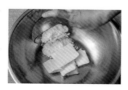

2 用打蛋器搅打至黄油松软。

3 加入材料B（全蛋液）打匀。

8 用擀面棍将面团擀成0.8~1.0cm的厚度。

4 加入材料C（中筋面粉、奶粉）。

加入粉类后就不要再使用打蛋器，以免搅打过度影响口感。

9 用圆形压膜压出圆片面皮。

10 放进烤箱，用150℃温度将挞皮烤至半熟，约15分钟后取出。

5 用长柄刮刀拌压成团。

11 将材料D（奶油奶酪、糖）打至柔软后加入材料E（全蛋液）中。

6 将面团松弛10~15分钟。

12 搅打均匀。

7 将松弛好的面团装入塑料袋中。

13 加入材料F（玉米粉），打匀。

17 冷却后的挞皮用硅胶刀或是竹签去除模型。

14 加入材料G（草莓酱）。

18 表面挤上鲜奶油。

15 装入塑料胶袋中。

19 在鲜奶油上面放草莓。

16 将做法10（烤至半熟的挞皮）放上圆形压模挤入馅料，再放入烤箱烤15~20分钟，即可取出。

注意在烤箱的挞皮底部，若已经呈金黄色，下火温度转零后续烤至熟。

20 撒上防潮糖粉（材料外）装饰即可。

 32 挞派类 水果挞

 提示

最佳食用期，室温1天，冷藏7天。
烤箱预热温度，上火180℃、下火
160℃，烘烤时间20~25分钟。

🖼 材料、器具

挞皮

A
- 黄油 50g   • 糖粉 30g

B
- 全蛋液 10g

C
- 高筋面粉 80g
- 泡打粉 1/8 匙

馅料

D
- 水 135g   • 奶粉 15g
- 糖 35g   • 全蛋液 32g

E
- 低筋面粉 6g
- 玉米粉 6g

F
- 黄油 12g

G
- 水果粒适量

器具

H
- 花形挞模

I
- 0.8cm 圆形挤花嘴、挤花袋

成品分量：6 个

黄油50g ＋ 糖粉30g

全蛋液10g

高筋面粉80g ＋ 泡打粉1/8匙

黄油12g

水135g ＋ 奶粉15g

水果粒适量

糖35g ＋ 全蛋液32g

花形挞模

低筋面粉6g ＋ 玉米粉6g

0.8cm圆形挤花嘴、挤花袋

🥄 做法

1 将材料A（黄油、糖粉）打发呈白色乳霜状。

2 加入材料B（全蛋液），拌匀。

3 过筛加入材料C（高筋面粉、泡打粉）。

4 用长柄刮刀拌压成团，松弛10~15分钟。

8 将材料D（水、奶粉、糖、全蛋液）倒入拌匀。

5 分割面团，每个25g。

9 加入材料E（低筋面粉、玉米粉）。

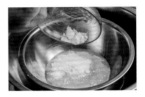

6 将分割好的面团压入模中。

边缘不规则的部分可用刮板切去。

10 以隔水加热的方式将材料D、E煮至浓稠。

11 最后加入材料F（黄油），打匀即可。

7 刺洞后放入烤箱，烤箱温度上火180℃、下火160℃，烘烤时间20~25分钟，烤至金黄色，取出待凉。

12 将煮好的馅料装入挤花袋中，挤入挞模中。

13 铺上水果粒装饰即可。

33 坚果挞

挞派类

提示

最佳食用期，室温密封保存7天，冷藏14天。

烤箱预热温度，上火180℃，下火160℃，烘烤时间22~25分钟。

材料、器具

挞皮

A
- 黄油 30g
- 糖粉 25g
- 盐 1/8 匙

B
- 全蛋液 10g

C
- 低筋面粉 65g

馅料

D
- 熟综合坚果 120g

E
- 水麦芽 30g
- 糖 25g
- 黄油 20g
- 动物性鲜奶油 25g

器具

F
- 圆形小挞模

成品分量：8 个

A 黄油30g ＋ 糖粉25g ＋ 盐1/8匙

B 全蛋液10g

C 低筋面粉65g

D 熟综合坚果120g

E 水麦芽30g ＋ 糖25g

F 圆形小挞模

黄油20g ＋ 动物性鲜奶油25g

做法

1　将材料A（黄油、盐、糖粉）放入料理盆中。

2　打发至黄油松软。

3　加入材料B（全蛋液），打匀。

4　过筛加入材料C（低筋面粉）。

面粉加入后就不要使用打蛋器，因为这样会打发过度，影响口感，面粉也会卡在打蛋器上增加耗损量。

5 用长柄刮刀或是软刮板拌成团。

6 分割面团，每个20g，约8个。

7 压入模中。

8 将多出模型的部分用刮板刮掉。

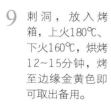

9 刺洞，放入烤箱，上火180℃、下火160℃，烘烤12~15分钟，烤至边缘金黄色即可取出备用。

刺洞的目的是为了不要底部的面皮鼓起，所以洞不用刺得太密。

10 再将材料E（水麦芽、糖、动物性鲜奶油）依序加入。

11 煮至约115℃即关火，加入材料E（黄油）拌匀。

12 加入材料D（熟综合坚果），拌匀。

13 将坚果平均铺放在挞模中，再放进烤箱烘烤10分钟，表面呈金黄色即可。

34 柠檬挞

挞派类

提示

最佳食用期，室温1天，冷藏14天。
烤箱预热温度，上火180℃、下火160℃，
烘烤时间20~25分钟。

材料、器具

挞皮

A
- 低筋面粉 200g
- 糖粉 40g
- 盐 1/8 匙

B
- 黄油 75g

C
- 全蛋液 35g

馅料

D
- 柠檬汁 95g
- 砂糖 70g
- 全蛋液 135g

E
- 黄油 75g

器具

F
- 7英寸花形挞模 1 个

成品分量：1 个

低筋面粉200g ＋ 糖粉40g ＋ 盐1/8匙

黄油75g

全蛋液35g

黄油75g

柠檬汁95g ＋ 砂糖 70g ＋ 全蛋液135g

7英寸花形挞模1个

做法

1 将材料A（低筋面粉、糖粉、盐）混合均匀。

2 加入材料B（黄油）。

3 用软板将材料切成细小颗粒。

7 将圆片均匀铺在挞模中。

挞模的边角处一定要按压紧实。

4 加入材料C（全蛋液）拌匀。

5 拌揉成团即可。

面团不要拌揉过久，以免影响口感。

8 将多出来的部分裁切掉。

6 用擀面棍压平，整形成厚度约1cm的圆片。

9 松弛后刺洞放入烤箱，上火180℃、下火160℃，烘烤时间20~25分钟，烤至金黄色。

10 依序加入砂糖、蛋液。

12 以隔水加热的方式，用打蛋器持续搅拌煮至浓稠状。

13 熄火，加入材料E（黄油），打匀。

11 加入柠檬汁。

14 将煮拌好的馅料倒入烤好的挞皮中铺平。

15 最后撒上一些柠檬皮丝或是柠檬皮碎颗粒（材料外）装饰，冷藏3~4小时，即可食用。

35 苹果派

热派类

提示

最佳食用期，室温保存1天，冷藏7天。
烤箱预热温度，上火190℃、下火170℃，
烘烤时间30~35分钟。

材料、器具

简易派皮

A
- 黄油 100g
- 盐 1/8 匙
- 中筋面粉 135g

B
- 水 60g

馅料

C
- 黄油 15g

D
- 苹果切块 400g
- 糖 25g

E
- 玉米粉 1/2 匙
- 肉桂粉 1/4 匙

器具

F
- 7 英寸铝模派盘

表面装饰

G
- 蛋液适量

成品分量：1 个

黄油100g　　中筋面粉135g　　盐1/8匙

水60g　　黄油15g　　苹果切块400g

玉米粉1/2匙　　肉桂粉1/4匙　　糖25g

7英寸铝模派盘　　蛋液适量

做法

1 将材料 A（黄油、中筋面粉、盐）用软刮板切搅拌匀。

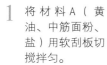

2 拌到黄油跟粉变成小颗粒状。

3 面团中间拨一个坑，将材料 B（水）倒入。

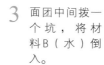

4 最后拌成团，放入塑料袋，放冰箱冷藏30分钟。

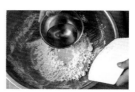

5 取出后擀平，折成三折，放冰箱冷藏15分钟。

10 派皮部分要紧贴派盘的凹槽。

6 取出再擀平，折成三折，再冷藏15分钟。

11 把边缘多余的部分削去。

7 最后擀成一片厚度0.3~0.4cm的圆形派皮。

12 平底锅加油后放入材料C（黄油）。

8 确认派皮比派盘大。

13 加入材料D（苹果切块、糖）拌炒，炒到苹果软化。

9 放进派盘中。

14 再加入材料E（玉米粉、肉桂粉），炒到收汁。

17 铺在上面交错编织。

15 将苹果馅料倒进派皮中。

馅料中可以再自行加入喜好的小配料，如葡萄干、蔓越莓干、坚果碎粒等。

18 在派盘边缘捏紧，再用刮板削平。

16 将多余的派皮擀成一片，切成长条。

19 最后在交错的面皮上抹上蛋液，放入烤箱，烤至金黄色即可。

Dessert

Chapter 4

第四章　甜点

果酱乳酪

提示

最佳食用期，冷藏5天。

📷 材料、器具

果酱乳酪

A
- 牛奶 200g　• 糖 30g

B
- 动物性鲜奶油 200g

C
- 吉利丁 2.5 片

D
- 草莓果酱

器具

E
- 保罗杯

成品分量：4 杯保罗杯

牛奶200g ＋ 糖30g

动物性鲜奶油200g

吉利丁2.5片

草莓果酱

保罗杯

🥄 做法

1　将材料A（牛奶、糖）倒入锅中，加热，使糖完全溶化。

2　将材料C（吉利丁）对折泡水。

> 吉利丁一定要泡水才能溶解，若是直接放入锅中，是无法搅拌到溶化的。

3　吉利丁软化后沥干水分。

> 不能将吉利丁一直浸泡在水中，这样吉利丁会溶化在水里，最后捞不起来，所以只要泡到软化即要捞起。

> 一定要趁材料A（牛奶、糖）还有余温时拌入吉利丁，吉利丁才会完全溶化。

4　将软化的吉利丁放入材料A（牛奶、糖）中，搅打到溶化。

5　加入材料B（动物性鲜奶油），搅打均匀。

6　装入杯中，冷藏凝固即可。

7　加上草莓果酱就可以上桌食用了。

> 也可以自行换上喜爱的不同果酱，增添品尝的乐趣。

37 甜点类 焦糖蒸烤布丁

 提示

最佳食用期，冷藏5天

烤箱预热温度，上火150℃、下火150℃，烘烤时间35~40分钟。

水浴（蒸）烤法，烤盘内要装至少1/3的水量。当烤盘内没水，加热水补充。

若烤箱温度过高，导致布丁产生裂痕，请加冷水使其降温。

材料、器具

布丁材料

A
• 鲜奶 240g
• 糖 55g

B
• 动物性鲜奶油 100g
• 香草精适量

C
• 蛋黄 35g　全蛋液 110g

焦糖材料

D
• 砂糖 100g　水 60g

器具

E
• 布丁杯

成品分量：5 杯

A
 +
鲜奶240g　　　　糖55g

B
 +
动物性鲜奶油100g　　　香草精适量

C
+
蛋黄35g　　　　全蛋液110g

D

砂糖100g
+

水60g

E

布丁杯

做法

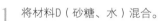

1　将材料D（砂糖、水）混合。

2　煮到沸腾呈焦糖色。

煮糖的过程中，千万不要搅拌，以免因翻砂导致糖浆变硬糖。

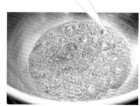

3　平均倒入布丁杯，铺满杯底备用。

可以用一双筷子作辅助，焦糖会顺着筷子流下，避免焦糖液流得到处都是。

4 将材料A（鲜奶、糖）以中小火煮至糖完全溶化。

6 加入材料C（蛋黄、全蛋液），打至均匀。

5 加入材料B（动物性鲜奶油、香草精），用打蛋器轻打至均匀。

7 连续过滤两次。

过滤后的蛋渣，请不要再硬筛进蛋液里，每次过滤后，需清洗一次滤网。

8 最后装入杯模中，约八分满，即可放入烤箱烘烤。

鲜奶布丁

提示

最佳食用期，室温保存1天，冷藏7天。

材料、器具

鲜奶布丁

A
- 果冻粉 20g
- 砂糖 80g
- 水 400g

B
- 鲜奶 200g
- 动物性鲜奶油 200g

C
- 蛋黄 4 颗

器具

D
- 容量 100mL 杯模

成品分量：约 10 杯

A  + +

果冻粉20g　　　　砂糖80g　　　　水400g

B + 动物性鲜奶油200g **C**

鲜奶200g　　　动物性鲜奶油200g　　　蛋黄4颗

D

容量100mL杯模

做法

1 将材料A（果冻粉、砂糖、水）依序称好，放入料理盆中。

2 在炉火上以中、小火加热，用打蛋器轻轻搅拌到糖完全溶化，温度大约90℃。

> 尽量以同方向轻轻搅拌，可以减少气泡产生。

3 将材料B（鲜奶、动物性鲜奶油）倒入另一个料理盆中打匀。

> 如果不喜欢蛋腥味，可在做法3打匀后，加入香草精（材料外）增加香味。

4 以中、小火加热至80~85℃，熄火，倒入材料C（蛋黄），打匀。

5 将打好的做法4，轻轻倒入做法2的盆中。

6 搅拌均匀即可装入杯中，放入冰箱冷藏凝固即可。

> 若在装杯时，布丁已经在盆中微微凝固，可以再加热熔化。

> 也可以依喜爱的口味加上水果或果酱，更添美味。

缤纷水果果冻

提示
最佳食用期，冷藏5天。

材料、器具

水果果冻

A
- 水 400g   • 糖 10g

B
- 果汁 200g

C
- 果冻粉 10g

D
- 新鲜草莓适量

E
- 黑樱桃适量

F
- 综合水果粒适量

器具

G
- 杯子模型

成品分量：约 10 杯

水400g ＋ 糖10g

果汁200g

果冻粉10g

新鲜草莓适量

黑樱桃适量

综合水果粒适量

杯子模型

做法

1 将材料A（水、糖）倒入料理盆中，加热煮到糖溶化。

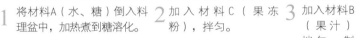

2 加入材料C（果冻粉），拌匀。

没有果冻粉时，也可以用吉利丁粉替代。果冻粉跟吉利丁粉一定要有加热过程才会凝固。

3 加入材料B（果汁）拌匀，制作成果冻液。

4 先将材料D（新鲜草莓）放入杯中。

5 将做法3中煮好的果冻液倒入做法4。

6 再加入材料E（黑樱桃）、材料F（综合水果粒）等配料，放入冰箱冷藏至凝固即可。

40 香蕉煎饼

甜点类

提示

最佳食用期，当天食用，风味最佳。

141

材料

面皮

A
• 中筋面粉 110g

B
• 冷水 40g • 炼乳 1 大匙

C
• 冷水 20g

D
• 沙拉油适量

配料

E
• 香蕉 1 根

F
• 全蛋液 1 个份

G
• 炼乳适量

H
• 黄油适量

成品分量：2 片

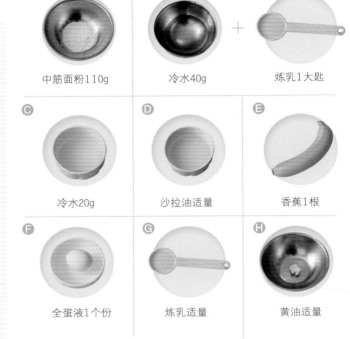

Ⓐ 中筋面粉110g

Ⓑ 冷水40g ＋ 炼乳1大匙

Ⓒ 冷水20g

Ⓓ 沙拉油适量

Ⓔ 香蕉1根

Ⓕ 全蛋液1个份

Ⓖ 炼乳适量

Ⓗ 黄油适量

做法

1 将材料B（炼乳、水）放入锅内拌匀。

3 搅拌均匀。

2 加热到冒泡后倒入材料A（中筋面粉）中。

4 加入材料C（冷水）。

5 揉拌成团。

10 擀成薄片。

面团在擀压成薄片时，若会回缩，请再继续放着等待松弛。过 5~10 分钟后再擀。

6 放入材料D（沙拉油）中松弛 30 分钟。

沙拉油最好能够盖过面团。如有时间可以松弛 3 小时，面团充分吸收油脂才会酥脆。

11 锅热后放入材料 H（黄油），将薄面皮下锅油煎。

7 在等待的时间将材料 E（香蕉）切片。

12 中间铺上沾满全蛋液的香蕉。

8 将材料 E（香蕉）放入材料F（全蛋液）中浸泡。

13 四边折起，两面煎至金黄色即可起锅。起锅后切块，淋上炼乳就可以摆盘上桌了。

9 将松弛好的面团按压。

按压成圆扁状，目的是为了方便擀成圆片状。

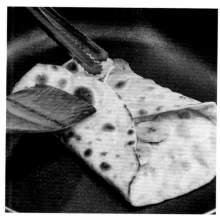

41 芒果乳酪

甜点类

提示

最佳食用期，冷藏7天。

材料、器具

原味奶酪

A
- 牛奶 125g
- 糖 20g

B
- 吉利丁 4g

C
- 动物性鲜奶油 125g

芒果奶酪

D
- 牛奶 65g
- 糖 20g

E
- 吉利丁 4g

F
- 芒果肉 125g
- 动物性鲜奶油 60g

器具

G
- 容量 100mL 杯模

成品分量：5 杯

牛奶125g ＋ 糖 20g

吉利丁4g

动物性鲜奶油125g

牛奶65g ＋ 糖20g

吉利丁4g

芒果肉125g ＋ 动物性鲜奶油60g

容量100mL杯模

做法

1　将材料A（牛奶、糖）加热，使糖完全溶化。

火不要太大，以免盆子周围焦黑。

2　将材料B（吉利丁）放入冷水中。

3　将吉利丁泡软。

145

4 取出，挤干水分，放入加热完成的做法1里。

8 将材料D（牛奶、糖）加热，使糖完全溶化。

5 将吉利丁搅拌到溶化。

9 将材料E（吉利丁）放入冷水中。

6 倒入材料C（动物性鲜奶油），拌匀即可。

7 装入杯中，每杯约50g，放入冰箱冷藏。

10 将吉利丁泡软，取出后挤干水分，放入做法8加热好的牛奶、糖里。

11 将吉利丁搅拌至溶化。

12 将材料F（芒果肉、动物性鲜奶油）放入果汁机中。

16 平均装入已经冷藏凝固的原味奶酪中。

13 搅打均匀。

17 放入冰箱冷藏凝固即可，最后再放入新鲜芒果（分量外），就可以端上桌享用了。

14 倒入做法11中。

15 搅拌均匀。

42 甜点类 提拉米苏

提示

最佳食用期，冷藏7天。

🧑‍🍳 材料

卷饼皮

A
- 全蛋液 50g · 糖 25g

B
- 鲜奶 100g

C
- 黄油 12g

D
- 低筋面粉 35g

卡仕达馅料

E
- 鲜奶 90g · 糖 15g
- 盐 1/8 匙 · 柠檬汁 1/4 匙

F
- 全蛋液 20g

G
- 低筋面粉 1/2 匙
- 玉米粉 1/2 匙

H
- 黄油 10g

I
- 打发鲜奶油 15g

J
- 综合水果粒 20g

器具

K
- 0.8cm 圆形挤花嘴、挤花袋

成品分量：约 5 条

全蛋液50g ＋ 糖25g

鲜奶100g

黄油12g

鲜奶90g ＋ 糖15g

低筋面粉35g

盐1/8匙 ＋ 柠檬汁1/4匙

全蛋液20g

低筋面粉1/2匙 ＋ 玉米粉1/2匙

黄油10g | 打发鲜奶油15g | 综合水果粒20g | 0.8cm圆形挤花嘴、挤花袋

🥄 做法

1 将材料 C（黄油）熔化备用。

2 将材料A（全蛋液、糖）打发呈乳白色浓稠状。

3 加入材料B（鲜奶）拌匀。

7 将材料E（鲜奶、糖、盐、柠檬汁）放入料理盆中。

4 加入熔化后的材料C（黄油），拌匀。

8 加入材料F（全蛋液）。

5 加入过筛的材料D（低筋面粉），搅拌均匀。拌匀后松弛10~15分钟。

9 加入材料G（低筋面粉、玉米粉）。

6 用平底锅煎成一张张的面饼皮。

10 用隔水加热的方式，以打蛋器搅拌至浓稠状。

11 加入材料H（黄油），拌匀即可。

12 将材料I（打发鲜奶油）加入煮好冷却的卡仕达馅中，搅拌均匀，即为内馅部分。

13 将内馅装入挤花袋中。

14 将内馅挤入煎好的面皮上。

注意面皮较不好看的部分卷在里面，这样做出来的卷饼外皮才会漂亮。

15 放入材料J（综合水果粒）。

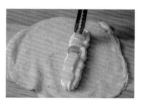

16 包卷起来，大功告成。

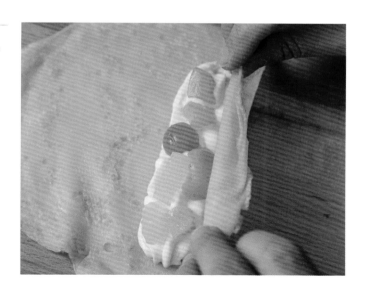

44 乳酪条

提示

最佳食用期，冷藏14天。

烤箱预热温度，上火160℃、下火160℃，烘烤时间35~40分钟。

以水浴方式——将烤盘内模具外加入热水烘烤。

材料、器具

乳酪条

A
· 奶油奶酪 200g　· 糖 35g
B
· 蛋黄 40g
· 动物性鲜奶油 80g
C
· 玉米粉 14g
· 低筋面粉 20g
D
· 蛋白 60g
· 糖 35g
E
· 饼干屑 100g
F
· 黄油 40g

器具

G
· 小型长方铝模

成品分量：4 条

奶油奶酪200g ＋ 糖35g

饼干屑 100g

蛋黄40g ＋ 动物性鲜奶油80g

黄油40g

玉米粉14g ＋ 低筋面粉20g

小型长方铝模

蛋白60g ＋ 糖35g

甜点

做 法

1 先将材料F（黄油）熔化，倒入材料E（饼干屑）中搅拌均匀。

2 铺入器具G（小型长方铝模）中，底部压紧后备用。

3 将材料A（奶油奶酪、糖）倒入料理盆中。

4 用打蛋器将材料A（奶油奶酪、糖）打至乳霜状。

8 加入材料C（低筋面粉），拌匀。

5 加入材料B（蛋黄）。

9 加入材料C（玉米粉），拌匀。

6 加入材料B（动物性鲜奶油）。

10 将材料D（蛋白）用电动打蛋器打到起泡。

7 搅拌均匀。

11 加入材料D（糖）。

12 打到蛋白霜略
有纹路，湿性
发泡即可。

13 取1/3的蛋白霜
加入做法9的面
糊中，拌匀。

14 再将剩下的蛋白霜全部倒入，拌匀。

15 将搅拌均匀的面糊，倒
入模型中放入烤箱。用
水浴法的方式，将烤盘
内装水，烤箱温度上火
160、下火160℃，烘烤
35~40分钟。

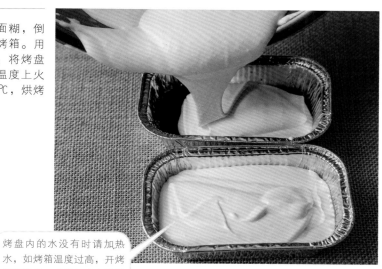

烤盘内的水没有时请加热
水，如烤箱温度过高，开烤
箱门降温，或是加冷水降低
温度。

45 蛋形伯爵布蕾

甜点类

 提示

最佳食用期，冰箱冷藏7天。

烤箱预热温度上火160℃、下火150℃，水浴(蒸)方式，蒸烤35~40分钟。

材料

伯爵布蕾

A
- 鲜奶 220g
- 糖 65g

B
- 蛋黄 3 颗
- 全蛋液 75g

C
- 动物性鲜奶油 100g

D
- 伯爵茶叶 1 包

器具

E
- 营养鸡蛋壳
  10~12 颗

成品分量：10~12 颗

鲜奶220g ＋ 糖65g

动物性鲜奶油100g

蛋黄3颗 ＋ 全蛋液75g

伯爵茶叶1包

营养鸡蛋壳10~12颗

做法

1 将蛋的尖端在桌面轻敲出一个洞。

3 先倒出一些蛋白。

2 在破裂的地方，慢慢拨开。

4 再把蛋壳的洞口拨大。

5 最后再把蛋黄倒出来。

11 再倒入做法9。

6 将里面清洗干净后，用锋利的剪刀将蛋壳洞口周围剪平。

12 轻轻拌匀。

如果蛋壳洞口没有剪平整，吃的时候很容易割破嘴巴，所以一定要处理好。

7 将材料A（鲜奶、糖）加热，煮至微滚。

13 将拌匀的蛋液过筛。

8 倒入打开的材料D（伯爵茶叶），静置。

14 静置10分钟后倒入模型中，放入烤箱。

9 将材料B（蛋黄、全蛋液）用打蛋器轻轻搅拌均匀。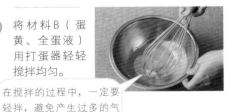

在搅拌的过程中，一定要轻拌，避免产生过多的气泡，以致烤时表面气泡过多，影响美观。

若发现没有烤熟，再放回烤箱续烤至熟即可。

15 烤盘内装水蒸烤，采用水浴法，烤箱温度上火160℃、下火150℃，烤35~40分。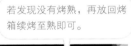

因为蛋壳没办法单独直立，所以就必须靠一些辅助工具，如正方形模或是长方形模。

10 将材料C（动物性鲜奶油）倒入做法8，拌匀。

![] 提示

最佳食用期，当天食用，风味最佳。

材料

面团

A
- 高筋面粉 145g
- 奶粉 1 茶匙
- 糖 15g
- 盐 1/4 匙

B
- 全蛋液 15g

C
- 水 65g
- 酵母 1 茶匙

D
- 黄油 10g

表面装饰

E
- 蛋液适量

F
- 面包粉适量

内馅

G
- 切片小黄瓜适量

H
- 奶酪片适量

I
- 火腿片适量

J
- 沙拉酱适量

成品分量：5 个

高筋面粉145g + 奶粉1茶匙

糖15g + 盐1/4匙

水65g + 酵母1茶匙

全蛋液15g

黄油10g

蛋液适量

面包粉适量

切片小黄瓜适量

奶酪片适量

火腿片适量

沙拉酱适量

做法

1　将材料A（高筋面粉、奶粉、糖、盐）称好放入料理盆中。

2　加入材料B（全蛋液）。

3 加入材料C
（ 水 、 酵
母 ）。

4 用手拌揉。

5 加入材料D（黄油）。

面团在揉的过程中
湿黏是正常现象，
只要继续搓揉就会
不粘手。

6 揉成光滑的面
团，发酵30分
钟。

7 将发酵好的面
团分割，每个
重50g。

8 整形成圆球
状 ， 再 松 弛
10~15分钟。

甜
点

9 用擀面棍压扁
成圆片。

10 整形成椭圆
状 ， 再 发 酵
20~30分钟。

11 将发酵好的面团，表面沾蛋液。

12 沾面包粉。

15 将炸好的三明治切开。

13 入油锅油炸。

16 挤入沙拉酱。

夹馅的馅料可依个人喜好加入。

14 炸至金黄色即可起锅。

17 夹入奶酪、火腿片、小黄瓜片。

18 最后挤上沙拉酱做装饰即可。

47 甜点类 芝麻球

提示

最佳食用期，当天食用，风味最佳。

📖 材料

面团

A
· 糯米粉 100g

B
· 糖 10g · 水 60g

C
· 番薯泥 50g

D
· 沙拉油 10g

内馅

E
· 红豆泥 75g

表面装饰

F
· 白芝麻适量

成品分量：15~18 个

A
糯米粉100g

B
糖10g

水60g

C
番薯泥50g

D
沙拉油10g

E
红豆泥75g

F
白芝麻适量

🥄 做法

1 将材料B（糖、水）先拌溶。

2 倒入材料A（糯米粉）。

3 加入材料C（番薯泥）。

地瓜去皮，蒸熟，压成泥即可。

4 加入材料D（沙拉油）。

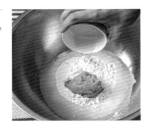

5 全部揉捏成团后松弛10~15分钟。

6 分割为每个15g。

7 红豆泥每个5g。

8 面团压成圆扁状。

9 包入馅料。

如果馅料包不进去，可以再减少一点儿，约3g就好。

10 整形成圆球状。

因为糯米较容易干燥龟裂，若太干可以抹上一点儿水，会变得比较柔软，方便整形。

11 沾水。

12 滚上芝麻。

13 在掌心轻揉固定。

14 放入油锅中，用中火油炸。

芝麻球在冷油时放入，这样炸出来的芝麻球会比较不容易破裂。

15 炸至金黄色即可起锅。

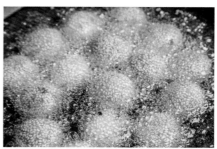

48 铜锣烧

提示

最佳食用期，冷藏5天。

材料、器具

面皮

A
- 全蛋液 90g
- 砂糖 20g

B
- 味淋 1/2 匙
- 蜂蜜 1 大匙

C
- 水 30g

D
- 低筋面粉 100g

E
- 苏打粉 1/8 匙

F
- 泡打粉 1/4 匙

馅料

G
- 红豆沙 100g

H
- 打发鲜奶油 20g

器具

I
- 0.8cm 圆形挤花嘴、挤花袋

成品分量：约 16 片 8 组

全蛋液90g ＋ 砂糖20g

水30g

味淋1/2匙 ＋ 蜂蜜1大匙

低筋面粉100g

苏打粉1/8匙

泡打粉1/4匙

红豆沙100g

打发鲜奶油 20g

0.8cm圆形挤花嘴、
挤花袋

做法

1 将材料A（全蛋液、砂糖）搅打均匀。

2 加入材料B（蜂蜜、味淋），打匀。

3 加入材料C（水），打匀。

4 最后倒入材
料D（低筋面
粉）、E（苏
打粉）、F（泡
打粉）过筛拌
匀，松弛10~20
分钟。

面粉加入后，只要拌到看不到
面粉即可，不要过度搅拌，避
免搅打出筋性，影响口感。

7 在打发鲜奶油
中加入红豆
沙，搅拌均
匀。

5 用不粘平底锅
煎至金黄色即
可。

8 装入挤花袋中。

6 将鲜奶油打发。

9 在煎好的煎饼
上挤上馅料。

10 再放上另一片
即可。

49
甜点类

椰香糯米球

提示

最佳食用期，当天食用，风味最佳。

173

材料

糯米球

A
· 糯米粉 80g

B
· 地瓜泥 210g

C
· 沙拉油 20g

内馅

D
· 红豆沙 150g

表面装饰

E
· 椰子丝适量

成品分量：约 15 颗

糯米粉80g

地瓜泥210g

沙拉油20g

红豆沙150g

椰子丝适量

做法

1 将材料B（地瓜泥），趁热倒入材料A（糯米粉）中，拌匀。

利用地瓜泥的热气，使糯米粉变得更有弹性。

2 加入材料C（沙拉油）。

3 揉拌成团，松弛10~15分钟。

4 面团分割为每个20g。

5 将馅料红豆沙分割为每个10g。

6 将面团压扁。

7 包入馅料。

8 整成圆形。

9 底部垫馒头纸，入蒸笼，蒸约15分钟后取出，表面趁热沾上椰子丝即可。

提示

最佳食用期，冷藏7天。
烤箱预热温度，上火
180℃、下火150℃，烘
烤时间15~20分钟。

材料、器具

乳酪球

A
• 奶油奶酪 180g • 糖 40g

B
• 蛋黄 2 颗

C
• 动物性鲜奶油 35g

D
• 玉米粉 10g

底部

E
• 饼干 55g

F
• 熔化黄油 15g

器具

G
• 硅胶球形模底

成品分量：30~32 颗

奶油奶酪180g ＋ 糖40g

蛋黄2颗

动物性鲜奶油35g

动物性鲜奶油35g

玉米粉10g

饼干55g

熔化黄油15g

硅胶球形模底

做法

1 将材料E（饼干）放入塑料袋内压碎。

> 饼干请用汤匙尽量压得扎实一点儿。

2 把压碎后的饼干加入材料F（熔化黄油）中，拌匀。

3 将做法2铺入硅胶球形模底，备用。

4 将材料A（奶油奶酪、糖）搅打到松发。

5 再将材料B（蛋黄）分次加入，拌匀。

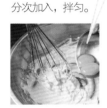

> 每次加入蛋黄都要确实搅打均匀，才能再继续加入。

6 加入材料C（动物性鲜奶油），拌匀。

7 过筛加入材料D（玉米粉），拌匀。

8 将做法7装入塑料袋中，挤入模型，烤箱温度上火180℃、下火150℃，烤15~20分钟即可。

> 放入烤箱前轻敲模型，使奶酪面糊平整，气泡排出。